冻土冲击动态力学行为
及其本构关系

朱志武　马　悦　张太禹　著

科学出版社

北　京

内 容 简 介

冻土的动态力学行为一直是冻土力学研究的重点和难点，也是寒区工程建设亟须解决的问题。本书阐述了不同冲击加载条件下冻土的动态力学性能及其破坏机理，通过宏-微观方法建立了冻土动态本构模型并进行了数值模拟。全书从冻土的物理力学本质出发，以等效夹杂理论、连续介质热力学和冲击动态力学为基础，对冻土的动态力学行为进行了全面深入的讨论，并详细呈现了冻土动态本构模型建立的过程和方法。

本书可供冻土工程相关的地质工程、土建、水利、铁道、交通、矿山、爆破等专业学生参考，同时可以作为寒区工程建设和冻土开挖、爆破相关领域的科研人员和工程技术人员的进修读物及参考书籍。

图书在版编目（CIP）数据

冻土冲击动态力学行为及其本构关系/朱志武，马悦，张太禹著. —北京：科学出版社，2023.6（2024.10重印）

ISBN 978-7-03-075562-9

Ⅰ. ①冻⋯　Ⅱ. ①朱⋯ ②马⋯ ③张⋯　Ⅲ. ①冻土地基－冲击（力学）－研究　Ⅳ. ①TU471

中国国家版本馆 CIP 数据核字（2023）第 088625 号

责任编辑：华宗琪/责任校对：王萌萌
责任印制：罗　科/封面设计：义和文创

科学出版社 出版
北京东黄城根北街 16 号
邮政编码：100717
http://www.sciencep.com

成都蜀印鸿和科技有限公司 印刷
科学出版社发行　各地新华书店经销

*

2023 年 6 月第　一　版　开本：B5（720×1000）
2024 年 10 月第二次印刷　印张：10 1/2
字数：212 000

定价：**99.00 元**
（如有印装质量问题，我社负责调换）

前　　言

我国多年冻土的面积约为 215 万 km²，占国土面积的 21.5%，居世界第三位，主要分布在青藏高原、东北大/小兴安岭、天山及阿尔泰山等地，其中我国高海拔多年冻土的面积居世界之最。随着社会的发展和科技的进步，特别是青藏铁路的建成通车和顺利运营，广大寒区的经济建设和国防建设都将迈上新的台阶，有关冻土的土木、交通、水利、油田管道的铺设建设等工程项目越来越多，对冻土力学性能的研究，尤其是冻土本构模型方面的研究更加迫切。

冻土的本构模型一直是冻土力学研究关注的重点，吸引着许多研究者前赴后继建立了大量的冻土静态、准静态本构模型。随着寒区工程的建设和开发，冻土承受静态荷载的同时不可避免地会承受冲击荷载，尤其是冻土路基轨道冲击荷载响应、冻区地下掩体建筑受到爆炸冲击作用等。由于冲击荷载本身的复杂性，建立的静态、准静态本构模型不能准确地描述冻土的冲击动态力学行为。然而遗憾的是，国内外关于冻土动态力学行为及其动态本构模型的书籍鲜有见到。迄今为止，尚未有人对这些研究成果做出过系统总结。为了解决工程实际需要，本书对冻土动态本构模型及其动态力学行为和破坏机理进行全面系统的总结，使得初次接触冻土动态力学研究的读者对该领域能有较为详尽的了解，可以作为认真研究这一课题的起点和支撑。本书基于作者多年来的研究成果，同时吸纳了一些其他研究人员的成果撰写而成。本书力图以更广阔的视角向读者展示冻土冲击动态试验、动态本构模型以及数值模拟研究所涉及的研究领域、研究方法和研究热点，能够为广大科技工作人员和研究生提供一个学习和研究的基本思路、方法、框架和基础资料，同时也能使读者了解和体会冻土静态力学与冻土动态力学之间的研究差异。

本书以寒区工程建设开发和冻土冲击爆破工程为基本研究背景，从冻土动态力学行为和破坏机理展开，主要集中阐述冻土的冲击动态力学性能和本构模型，较系统地介绍单轴、围压、不同初始条件下的冻土冲击动态力学试验以及相对应的本构模型和数值模拟研究。全书试验和理论相互结合，更有利于读者深刻理解冻土冲击动态力学行为和建模方法，促进冻土动态力学方面的研究。本书主要内容和结构体系如下：

第 1 章为绪论，介绍冻土的研究概述以及研究的目的和意义，通过对冻土静态力学和动态力学研究现状的梳理，使读者初步了解冻土力学行为研究的背景和现阶段的研究热点、方法，为后续部分打下坚实基础；第 2 章对冻土单轴冲击动态力学试验研究进行介绍，着重于分离式霍普金森压杆（split Hopkinson pressure bar，SHPB）试验系统和试验原理的阐述；第 3 章与第 2 章试验部分相呼应，介绍冻土单轴冲击动态本构模型，包括冻土黏弹性损伤本构模型和 Johnson-Cook 模型的建立，同时分析两种模型描述冻土动态力学行为之间的差异；第 4 章则是不同粒径下冻土的冲击动态力学试验研究过程及相关问题讨论；第 5 章基于第 4 章的试验现象，介绍提出的不同粒径下冻土的冲击动态细观本构模型；第 6 章主要介绍不同含水率下冻土的冲击动态试验研究，并对冻土动态应力-应变曲线进行详细分析；第 7 章总结均匀冻土的冲击动态本构模型研究，重点讨论温升对冻土冲击动态力学行为的影响；第 8 章分析未充分冻结冻土的冲击动态力学性能和冻结特征，并介绍极限温差控制方法；第 9 章主要对冻土单轴冲击动态试验数值模拟进行详细讨论，尤其是 ANSYS/LS-DYNA 软件在冻土冲击动态研究中的应用；第 10 章介绍冻土被动围压的试验研究以及相应的数值模拟。

本书从最基本的试验手段和理论出发，探究冻土的动态力学行为和物理本质，从不同的角度和视野向读者呈现了该领域目前的研究问题和研究热点，力图使读者对该领域有较为全面的认识，同时能够将本书涉及的知识点迁移到相关问题的研究中。

本书融合冻土力学和冲击动态力学学科的交叉研究，紧跟领域研究前沿，可兼顾冻土和冲击动态力学相关研究领域的读者，对寒区冻土工程研究有良好的促进作用，同时对寒区工程建设也能提供一定的理论支持和工程指导。本书的出版得到了国家自然科学基金项目（11972028，12272328）和西南交通大学研究生教材（专著）建设项目（SWJTU-ZZ2022-031）专项资助，在此表示感谢。

鉴于作者水平有限，书中难免存在疏漏或不足之处，恳请广大专家和读者批评指正，共同提高。

目　　录

第1章 绪　论

1.1　冻土研究概述

冻土是一种组成成分较为复杂的材料，其组成成分包括固体颗粒、冰体颗粒、未冻水、气体等[1]。冻土的主要特点包括岩土材料温度低于0℃，以及土体内部含有与土体颗粒胶结的冰体颗粒，由于冰体颗粒的存在，其力学特性明显区别于其他土类。冻土是岩石圈-土壤-大气圈系统在热质交换过程中形成的产物[2]，其力学性能与各相成分之间有着密切的关系：固体颗粒种类复杂，其形状、粒径大小、矿物成分等决定着冻土的工程性质；冰体颗粒的存在影响着各成分之间的黏结状态，在不同温度和荷载下，冰体颗粒与固体颗粒的黏结力会显著改变，同时冰水相变等因素使得冻土具有较强的流变性[3]；未冻水和气体则影响着冻土的导热性、渗透性等物理特性。这一系列因素使得冻土的力学性能变得极为复杂。受到气候变化、地形影响、地质构造等多因素的影响，冻土在冻结状态下存在时间的长短不同，短则数日，多则若干个世纪，根据土体冻结与季节变化的关系，可将冻土划分为季节性冻土与永久性冻土[4]。

在自然界中，冻土覆盖范围十分广泛，约占全球陆地面积的24%，在我国，各类冻土区域更是占据了国土面积的68%[5]。随着人类对土地利用和资源需求的增加，以冻土为特征的寒冷地区开发建设的工程项目越来越多。由于特殊的地质条件，苏联、加拿大、美国等国家最早开始对冻土进行研究。从1904年西伯利亚铁路竣工，到20世纪30年代《冻土力学基础》著作问世，冻土力学得到了长足发展。我国于20世纪60年代起，以青藏公路、青藏铁路、川藏铁路、川藏铁路雅林段、嫩林铁路、中俄原油管道等为代表的冻土工程项目积累了一定的科学资料，印证了冻土力学的发展。

在寒区工程建设过程中，冻土材料的特殊性，如冻土层融化、冻胀等，对工程建设与安全运营都造成了一定影响，因此对冻土性质的研究显得尤为关键。对于冻土系统的研究，可分为冻土力学、冻土工程、冻土物理、冻土环境四方面，研究方法也从简单的室内试验方法逐渐发展为采用电镜扫描技术和电子计算机断层扫描（computed tomography，CT）技术[6, 7]，冻土研究在不断地发展和完善，但大部分的研究集中在静态或者准静态[8-10]。而在寒区工程如管道、矿井、交通建设等方面，冻土会不可避免地遭受冲击、爆炸等高应变率荷载，这些与速率相关的荷载势必会导致冻土内部结构的变化，冻土的承载能力也将发生明显改变。冻土承受着不同形式的荷载，反映出对冻土各项力学性能深度探究的需求。考虑冻土地基受建筑物等长期荷载作用，需研究其蠕变性能及静态力学性能。考虑冻土路基的振动及冻土的开挖爆破等强动荷载作用，需研究其动态力学性能。此外，在非冻土区，人工冻结法[11, 12]作为一种成熟的施工技术，通过增强地基的强度和稳定性，也广泛应用于地下污染物治理、地源热泵等领域。因此，对于实际工程中的设施建造、结构设计等问题，开展相应的研究来完善理论体系，合理掌握冻土的力学性质，对于提高施工的安全性和有效性、降低经济运行成本，具有十分重要的意义。

2013 年，我国正式提出建设"新丝绸之路经济带"和发展"21 世纪海上丝绸之路"，即"一带一路"的倡议，"一带一路"区域横跨亚洲、欧洲和非洲大陆，沿线和周边的部分区域是全球冰冻圈集中分布地带之一[13]。随着"一带一路"倡议的深入实施，寒区工程建设将迎来新的浪潮，而随着工程的不断推进，在房屋修建、隧道开挖等实际工程中冻土仍会遭受冲击、爆炸等高应变率荷载，且实际工程中的受压土体基本处于围压、轴压同时发生变化的情况[14]，所以研究围压与高应变率荷载共同作用下冻土的力学特性有更重要的工程意义。在高应变率加载试验研究中，围压可通过两种方式施加，第一种施加方式为被动围压，通常是在冻土试样上加上铝套筒[15]，使试样在受力过程中处于三维受力状态，但这样施加的围压值是不断变化的，即变围压状态，需要在铝套筒内部粘贴应变片来获取围压变化趋势。被动围压的实际意义在于，在路基工程、铁路修建过程中，附加荷载作用于冻土地基之上时，受力土体由于周围建筑物或者土体的约束，围压并不能维持恒定，而是先不同程度地增加，然后趋于稳定。研究被动围压与高应变率荷载共同作用下冻土的力学特性，对寒区工程建设有重要的意义。第二种施加方式为主动围压，即通过油压、液压的方式在冻土四周施加恒定的围压值[16]，又称恒定围压。在地下工程中，由于冻土在地下掩埋时四周受挤压作用，土体在开挖之前会受到恒定的地应力影响，即主动围压影响。

到目前为止，针对在实际工程中冻土遭受较多的冲击荷载作用，冻土动态力学性能方面的研究仍不太完善。因其区别于常规土力学的特殊性质，冻土材料往往因环境变化和施工活动的影响，极易改变自身的力学性能。例如，气候环境的变化以及冲击荷载的施加引起的温度改变，会减弱冰体颗粒与其他颗粒物质的胶结能力，进而影响冻土的承载能力，显示出冻土对温度的强敏感性。作为脆性材料，在面临着实际工程中的冲击、爆破等行为的情况下，动荷载的速率效应也对冻土的强度影响极大。同时，在实际工程中，由于长期受环境、天气、地质构造和地形等地理因素的影响，天然冻土的表面和内部常存在大量形状不同、尺寸各异的孔洞和裂隙等初始缺陷，在冲击加载状态下，其破裂与失稳往往始于孔洞、裂隙等缺陷处[17]，并最终造成试样的失稳与破坏。因此，建立合理的冻土动态本构模型来描述和预测冲击荷载下冻土的动态力学行为具有很强的现实意义。

1.2 冻土静态力学行为研究

在寒区工程建设中，静荷载下冻土的强度和变形特性是评价材料适用性的重要指标，也是冻土力学重点关注的领域之一。冻土力学以温度、土质、含水率、应力路径等变量为出发点，深入研究冻土的力学特性，以确保冻土工程建筑物的安全性、稳定性及耐久性[18]。目前国内外学者对其开展了一系列的研究工作，试验手段也从单轴仪、三轴仪、直剪仪，发展到超声波、核磁共振、CT 技术等，试验手段的丰富带来的是研究的更加深入，静态与低应变率加载下冻土的力学特性研究也获得了大量成果。

关于静态及准静态下冻土力学行为的探索，已经有了较为系统的研究，包括蠕变特性、单轴压缩特性及多轴应力状态等，其力学特性和理论本构关系基本趋于完善，并为实际工程提供了良好的理论指导。

在以往准静态加载的研究中，学者发现温度、含冰量、围压、应力状态等因素决定着冻土的力学特性表现。赵晓东等[19]发现温度越低，冻土内部固结应力越大，脆性破坏特征越明显，温度的上升会使冻土破坏特征由脆性转变为塑性。肖海斌[20]通过试验发现冻土的单轴抗压强度随着温度的降低而增加，当冻结温度在−3～−7℃时强度逐渐增大，到−10℃之后强度增长率会随着温度的降低而越来越高。Arenson 等[21]通过一系列试验发现冻土的抗剪强度会随着含冰量的增加而增长，但由于土基体对冰体颗粒的弱化作用，冻土的抗剪强度会低于纯冰的强度。杜海民等[22, 23]发现含冰量对冻土试样的破坏应变影响存在一个阈值，在阈值之上，破坏应变随着含冰量升高而减小；在阈值之下，破坏应变随温度降低和含冰量的升高而增大。Chamberlain 等[24]研究了围压对冻土抗剪强度的影响，发现剪切强度会随着围压的增大而增大，并认为内部颗粒之间的摩擦、未冻水含量以及冰、水相变是影响冻土三轴压缩强度的关键因素。马巍等[7]也借助微观试验研究了围压对冻土强度特性的影响，发现围压的增大明显增强了冻土的塑性性能和应变硬化程度，冻土的强度也会随之增大，孔隙冰的压力融化和微裂纹的生长是围压下冻土强度变化的主要原因。吴超等[14]对不同含水率冻土进行了围压路径下的三轴剪切试验，当含水率大于 18.58% 时，含冰量与围压路径共同影响着冻土应力-应变曲线的发展趋势；当含水率较小时，如果采用恒定围压条件预测冻土地基的变形，预测值将小于实际值。徐湘田等[25]针对冻土工程中地基冻土受力情况复杂的问题，开展了冻土静力条件下的三轴加卸载试验与单调加载试验，通过对比发现，循环加卸载条件下冻土抵抗变形的能力增强。在低围压下围压增加对冻土损伤有抑制作用，在高围压下由于冰的压融与破裂，围压反而加剧了损伤的发展。

蠕变性能作为冻土在寒区工程中的重要研究内容之一，已有十分全面的试验研究和计算理论。国内外学者系统地研究了冻土在不同温度下的特殊蠕变性质、蠕变过程中的强度衰减规律以及蠕变破坏强度和应变之间的关系等力学特性，并且为工程设计提供了一系列十分可靠的理论指导。Bray[26]通过无约束恒应力蠕变试验，研究了低温条件对重塑冻土蠕变特性的影响。Zhou 等[27]通过不同围压和温度条件下的三轴压缩和蠕变试验，研究了冻土随蠕变速率变化的力学行为，并揭示了此加载状态下冻土材料的应力-应变-时间特性。李海鹏等[28]在常应变率下对不同干密度冻土进行了蠕变加载状态下的单轴抗压强度试验，得出了抗压强度与温度、应变率及干密度之间的关系，并以此建立了强度预报方程。蔡聪等[29]开展了不同加载速率下的冻土常规单轴压缩试验，运用加卸载蠕变回弹试验实现了对冻土弹性、塑性变形的解耦。其试验结果表明，加载速率对冻土变形行为影响较大，必须考虑加载速率对冻土变形行为的影响。马巍等[30]认为温度和围压对冻土的蠕变强度影响较大，给出了冻土蠕变强度随时间降低的关系，并得到了冻土蠕变的抛物线屈服准则。朱志武等[31]则通过理论推导，同时结合岩土材料屈服面准则，验证了上述冻土蠕变的抛物线屈服准则，随后又从细观力学出发，根据 Lemaitre 等[32]的有效应力原理，建立了含损伤的冻土本构模型，并用自行开发的有限元程序对水-热-力三场耦合的冻土渠道路基进行了验证[33]。Xu 等[34]也为冻土的蠕变行为提出了一项具有黏滞特性的亚塑性本构模型，较好地描述了冻土蠕变试验的第一、二、三阶段。朱元林等[35]通过大量的冻土单轴蠕变试验，将冻土的应力-应变性状汇总为 9 种类型，并给出相应的本构方程来描述其应力-应变关系，在工程中应用广泛。

在寒区基础设计中，除了要验算地基承载力，还必须对地基变形进行验算，若要进行变形验算，则必须了解冻土的变形特性。为此学者开展了一系列冻土变形特性试验，旨在建立冻土的应力-应变关系，以预测冻土在静态和低应变率加载下的变形行为。由于冻土在变形过程中有着明显的颗粒重分布和冰水相变，目前冻土的本构模型研究以弹塑性或黏弹塑性理论为主。Ghoreishian Amiri 等[36]将总应力分解为流体应力与固体应力，并考虑低温的影响，在双应力状态下建立了冻土的弹塑性本构模型，该模型能正确反映冻土的许多基本特性。Vialov 等[37]根据单轴压缩试验结果，认为幂函数可以描述冻土的应力-应变曲线。Liu 等[38]从热力学角度出发，考虑固液界面的相互作用，基于理想塑性理论提出了考虑温度与界面影响的冻土弹塑性本构关系，为考虑冻土水-热-力耦合机制提供了理论依据。Lai 等[39,40]提出了偏平面和子午平面内的屈服函数，并且采用非关联流动准则构建了冻土弹塑性本构关系，理论计算结果与试验结果一致性较高。朱志武等[41]认为冻土的体积屈服面与剪切屈服面各自独立,基于 Matsuoka-Nakai 屈服准则,提出了一个新的反映冻土破坏特征的屈服函数。

随着研究的深入,学者逐渐开始从新的理论出发解释冻土的变形特性。Chang 等[42]将冻土视作典型的复合材料,通过均匀化理论提出了冻土的本构模型,并详细探讨了参数的确定方法。Lai 等[43]基于能量耗散理论,通过修正的有效应力建立了临界状态强度函数,并考虑了不同加载过程中初始各向异性转动角对硬化屈服面的影响,提出了不同应力路径下的冻土本构模型。此外,还有学者从复合材料细观力学[44]、损伤力学[45]角度对冻土变形特性进行研究与分析。这类对冻土变形特性的深入研究,将为寒区工程的施工建设提供有效的理论依据。

1.3　冻土动态力学行为研究

在寒区开展的工程如管道、矿井、交通建设等,冻土会不可避免地承受冲击、爆炸等高应变率荷载,因此冻土在高应变率加载下的力学特性会显著地影响寒区工程的有效性与可行性。高应变率荷载是指应变率范围为 $10^2 \sim 10^4 \mathrm{s}^{-1}$ 的荷载,高应变率范围下,材料变形时间短且速率快,必须考虑材料的质点惯性效应和应力波传播,因此不能用传统材料力学试验机进行试验分析。目前高应变率加载下的试验方式主要有膨胀环试验、泰勒杆冲击试验与分离式霍普金森压杆(SHPB)试验,其中 SHPB 试验由于操作方便、结构简单等优点,被国内外学者广泛应用于研究材料在高应变率加载下的力学特性。

冻土在高应变率加载下试验的代表性研究是 1983 年 Lange 等[46]在 $10 \mathrm{s}^{-1}$ 应变率加载下测试冻土的动态拉伸强度。美国桑迪亚国家实验室(Sandia National Laboratories,SNL)[47, 48]采用 SHPB 对来自阿拉斯加地区的冻土进行了一系列冲击试验,研究了温度引起的相变对冻土强度的影响,并建立了相应的本构模型对冻土的动态应力-应变曲线进行预测。SHPB 是广泛应用于测量材料在高应变率加载下力学特性的试验手段,在这之后越来越多的学者采用 SHPB 试验来测试冻土在高应变率加载下的力学特性。陈柏生等[49]对冻土材料进行了单轴 SHPB 试验,发现冻土不仅具有温度效应,还有应变率效应,且冻土在单轴冲击过程中呈脆性破坏特征,具有冻脆性与动脆性。高应变率加载过程中冻土的破坏主体为冰晶体。Ma 等[50]在对不同温度下冻土的 SHPB 试验中,总结出冻土的应变率效应和温度效应,目前学者对冻土的这两种效应的描述也较为一致。除了单轴压缩试验,Zhang 等[51]通过在冻土试样外围包裹铝制套筒,研究了被动围压下冻土的冲击动态应变硬化行为。随后,Ma 等[52]在 SHPB 装置中添加了主动围压系统,来模拟工程中多种围压状态下的荷载,以此研究出冻土在不同围压条件下的冲击动态力学特性。此外,学者也结合其他脆性材料的研究,通过分析冲击过程中冻土的能量耗散规律，来揭示冻土的破坏过程。Ma 等[53, 54]分析对比了不同加载速率下冻土的冲击能量消耗特性。Cai 等[55]从能量耗散的机理分析中，揭示了冻土冲击破坏的过程以及损伤变量发展的规律。这些研究详细地探讨了冻土的冲击破坏模式和破坏特性等。

正如前文所述，寒区工程建设中冻土往往是三维受力状态，而通过围压能实现冻土的三轴受力加载，冻土在围压与高应变率荷载共同作用下的力学特性也受到广泛关注。马芹永等[15]、Ma 等[52]、Zhang 等[51]分别进行了被动围压和主动围压下冻土的 SHPB 试验，其试验结果表明围压能显著增强冻土的强度，且能改变冻土在高应变率加载下的破坏形态，但并没有对两种围压状态进行对比。Jia 等[56]开展了围压与高应变率荷载共同作用下冻土的 SHPB 试验，试验结果表明冻土的耗散能量主要来源于塑性变形、细观损伤演化及冰水相变的过程，其割线模量、弹性模量、体积屈服强度与抗剪强度均随着应变率的提高而增加。但总的来说，目前围压与高应变率荷载共同作用下冻土的力学特性研究还未发展成熟，仍有较大的研究价值。

建立适用于高应变率荷载作用下的本构模型，就能对高应变率加载下冻土的变形特性进行准确预测，从而保证寒区工程的稳定性与安全性。为此学者开展了一系列冻土的高应变率加载试验，旨在建立适用的本构模型。Zhang 等[51]在冻土 SHPB 试验的基础之上，提出含损伤的黏弹性本构模型，该模型与 SHPB 试验曲线吻合较好。Fu 等[57]研究了冻土在高应变率荷载下的能量耗散特性，并基于断裂力学理论，建立了描述冻土动态力学特性的本构模型，与试验对比取得了较好的效果。Xie 等[58]将冻土视为颗粒复合材料，结合复合材料的损伤理论，建立了冻土在高应变率荷载下的细观力学本构模型，将理论计算结果与试验结果对比，发现计算结果与试验结果吻合得较好。Zhu 等[17]也将冻土视为复合材料，根据土相在高应变率荷载作用下层层破坏的特点，假设高应变率加载过程中动模量因损伤而发生变化，并在模型中引入了应变率项，其试验结果与拟合曲线符合较好。Cao 等[59]引用金属材料热激活理论来描述冻土材料的损伤演化规律，加入线性温度项，很好地描述了单轴受力状态下，冻土受高应变率荷载作用时的应力-应变关系。贾瑾宣等[60]基于细观力学推导了冻土等效弹性常数表达式，采用切线模量法建立了高应变率加载下冻土的塑性本构模型。Zhu 等[61]考虑在围压受力状态下，冻土受高应变率荷载作用时冰体颗粒的脱黏过程，基于均匀化理论建立了被动围压与高应变率荷载共同作用下的冻土本构模型，理论曲线与试验曲线有较好的一致性。可以发现，目前研究的方式集中在弹塑性力学、细观力学、损伤力学等，且建立的本构模型多数仅适用于简单应力状态，复杂应力状态下的本构模型还比较少见。

综上所述，由于冻土本身成分的复杂性，高应变率加载下冻土的本构模型研究尚存一些局限性。当前大部分的本构模型研究集中在单轴受力状态，对三轴受力状态，即围压受力状态下的研究还较为少见。构建围压与高应变率荷载共同作用下冻土的本构模型会是今后冻土力学研究的核心问题之一。

1.4　冻土在高应变率加载下的数值模拟研究

高应变率加载试验由于持续时间短、过程迅速等，一些物理现象无法捕捉，而数值模拟可作为高应变率加载试验的补充。目前冻土在高应变率加载下的数值模拟研究主要集中在爆炸与冲击领域。Glazova 等[62]对冻土层爆炸工程进行了数值模拟研究，在有限冻结深度条件下考虑冻结均匀层状土的自由边界，求解了二维爆炸问题，并提出了考虑自由面和边界波反射的数值方法。张丹[63]、李蒙蒙[64]进行了冻土的 SHPB 试验，并利用 LS-DYNA 程序进行了 SHPB 试验的数值模拟，其模拟结果与试验吻合度高，证明了用 HJC（Holmquist-Johnson-Cook）模型模拟冻土在高应变率荷载下的力学特性是可行的。Shangguan 等[65]也采用 HJC 模型对含预制孔洞的冻土试样进行了单轴 SHPB 数值模拟，其模拟结果同试验也取得了较好的一致性。

而对于围压状态，由于试验设备往往不能稳定地施加围压，数值模拟成为围压状态下 SHPB 试验很好的补充。在其他材料领域，诸多学者采用数值模拟方法对围压下的 SHPB 试验进行了模拟。Kim 等[66]对混凝土进行了 SHPB 数值模拟，研究了端面摩擦对试样造成的围压效应，认为摩擦对应变率效应产生了影响。Liu 等[67]采用 LS-DYNA 程序对铝合金的 SHPB 试验进行了模拟研究，其研究结果有助于提升合金结构性能。Bailly 等[68]对骨料进行了围压下的 SHPB 试验，发现其剪切应力随着围压的增大而增大，并通过 SHPB 数值模拟得到了围压值的大小。Forquin 等[69]提出了一种用于混凝土高应变率加载的试验装置，将试样限制在金属环之中，通过 SHPB 加载，在金属环上放置的横向压力表可以测量围压值的大小，并且对提出的方法用数值模拟进行了验证。Du 等[70]采用离散元法对岩石在围压状态下的 SHPB 进行了模拟，结果表明，岩石试样的动态强度随应变率的增加而增加，而岩石强度的速率敏感性随静水压力的增加而减小。Liu 等[71]采用数字图像相关（digital image correlation，DIC）技术，研究了玻璃纤维增强复合材料的动态力学特性，通过 LS-DYNA 模拟 SHPB 试验，对比了试验与模拟之间的结果，确定了相关系数。而冻土围压状态下的 SHPB 数值模拟研究较少，Tang 等[72]对被动围压与主动围压条件下的冻土 SHPB 试验进行了数值模拟研究，从能量耗散的角度解释了两种围压造成结果不同的原因。

总的来说，目前对冻土的 SHPB 数值模拟研究较少，可考虑通过数值模拟来研究冻土静态力学性质与动态力学性质的差异，使高应变率加载下冻土的力学特性研究更加完善。

第 2 章　冻土单轴冲击动态力学试验研究

2.1　SHPB 试验技术

在各种实际工程和日常生活中，常常会发生爆炸、冲击加载方面的力学问题。由于爆炸、冲击加载属于动态加载，和静态加载的力学行为有着本质的区别，不能简单地拿静态加载的理论去解决爆炸、冲击方面的问题。动态加载之所以和静态加载的力学性质不同，是因为后者在加载过程中，材料的强度不随加载应变率发生明显的变化，所以忽略了惯性效应；而前者是瞬态加载，加载时间非常短，材料的各项力学参数在很短的时间就发生了很大的变化，所以不能忽略材料本身的惯性效应。要解决动态加载的问题，就要对应力波传播的理论进行研究。

研究材料在高应变率加载下的力学特性，目前的主流方法之一是采用 SHPB 进行研究。它由 Hopkinson 在 1914 年首先设计出原形，并以其姓氏命名，可以进行的试验应变率范围为 $10 \sim 10^4 \mathrm{s}^{-1}$[73]。早期 SHPB 技术主要用于金属材料的测试，随着民用工程和国防建设的需要，SHPB 的测试对象已经扩展到泡沫、岩土、混凝土，甚至生物医学等中的材料。在岩土材料中，由于材料内部的不均匀性，为了减少材料不均匀性引起的试验误差，通常需要更大尺寸的试样满足宏观均匀性的要求，同时也需要更大直径的 SHPB 装置。为此，为了更广泛地研究材料的动态力学行为，西方发达国家首先建立了一系列直径在 100mm 以下的 SHPB 系统。近年来，我国在大直径 SHPB 装置上也有所进展，中国科学技术大学首先建立了 ϕ74mm 的大直径 SHPB 装置，随后，北京理工大学、中国矿业大学、西北工业大学等也建立了用于测试非均匀材料的大直径 SHPB 装置系统。

2.1.1　SHPB 试验系统

SHPB 试验系统主要由子弹（撞击杆）、入射杆、透射杆和数据采集装置等构成，其基本结构如图 2.1 所示。子弹、入射杆、试样、透射杆的中轴线保持在一条直线上，在入射杆与透射杆之间放入试样。高压气体推动子弹以使子弹产生一定的冲击速度，进而产生压缩应力波，气压的大小决定着子弹的速度，而子弹的速度决定压缩应力波的大小。子弹以一定的速度撞击入射杆，应力波传播至入射杆，即产生入射波。当应力波传播至试样的前端面（试样靠近入射杆的端面）时，入射波的一部分继续向后传播，传入试样；另一部分则由于材料波阻抗的差异会进行反射而传回入射杆，形成反射波。进入试样的应力波通过试样的后端面（试样靠近透射杆的端面）传入透射杆，形成透射波。试验过程中，在入射杆和透射杆的适当位置上分别贴上应变片，入射杆上的应变片可以采集到入射波和反射波，透射杆上的应变片可以采集到透射波，通过数据采集装置，可以将应变片采集到的信号输出。一般冲击试验输出的入射波、反射波和透射波的形状如图 2.2 所示。

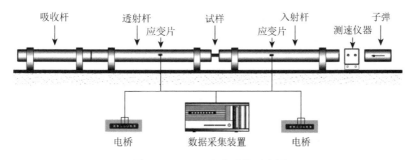

图 2.1　SHPB 试验系统示意图

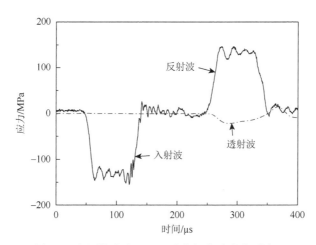

图 2.2　实测的冻土 SHPB 冲击加载试验典型波形

　　由于材料静态加载的过程属于等温过程，而动态加载由于是瞬态加载，加载时间短，是近似绝热过程，率相关效应也是动态加载和静态加载一个明显的差异点，前者需要考虑率相关效应。动态加载的核心问题就是把惯性效应和率相关效应区分开来，因为对于动态加载力学方面的研究，率相关效应才是重点。但是这两个效应常常相互耦合在一起，区分困难。为了解决这个难题，有学者尝试把应力波效应和应变率效应区分开来，这就是 SHPB 技术的核心思想。在SHPB 试验系统中，一般要求制作子弹、入射杆、透射杆的材料相同，截面直径也相同，这样能保证三者具有相同的波阻抗，同时要求三者一直处于弹性状态，这样就能在忽略应变率效应的前提下只考虑应力波的传播。另外，只要入射杆和透射杆的截面直径足够小，就可以在忽略横向惯性效应的前提下用一维应力波的理论来分析。与此同时，在 SHPB 试验系统中，试样的厚度越小，冲击波在试样中传播的时间就越短，当这个时间足够短时，就能把试样在动态冲击加载下的变形看成均匀变形，这样就能在忽略应力波效应的前提下只考虑应变率效应。

2.1.2　SHPB 试验原理

SHPB 试验系统是在两个基本假定的基础上，以一维弹性应力波为基本原理建立起来的，其基本假定为一维应力波假定和应力均匀假定，下面将这两个基本假定进行详细分析。

（1）一维应力波假定。即假设在杆件中传播的应力波为一维弹性平面波，在加载过程中，杆件始终保持为弹性状态，即杆件的横截面变形后仍保持为平截面，沿轴向方向有均匀的应力分布，忽略杆件的横向位移，波在杆件中的传播是没有畸变和衰减的。这样，贴在入射杆和透射杆的应变片才能记录所得的入射波、反射波和透射波。

（2）应力均匀假定。认为在 SHPB 试验过程中，试样在破坏前很短的时间内（远小于加载波的时间）能够达到应力均匀状态。应力波在试样的前端面和后端面分别产生反射波和透射波，并在试样中进行多次反射，使试样能够迅速地达到应力均匀状态。

根据一维弹性应力波原理及两个基本假定，则 SHPB 试验过程中试样的平均应变率 $\dot{\varepsilon}(t)$、平均应变 $\varepsilon(t)$ 及有效平均应力 $\sigma(t)$ 的三波法计算公式如下：

$$\begin{cases} \dot{\varepsilon}(t) = \dfrac{C_0}{l_s}(\varepsilon_i - \varepsilon_r - \varepsilon_t) \\[2mm] \varepsilon(t) = \dfrac{C_0}{l_s}\displaystyle\int_0^t (\varepsilon_i - \varepsilon_r - \varepsilon_t)\mathrm{d}t \\[2mm] \sigma(t) = \dfrac{A}{2A_s}E(\varepsilon_i + \varepsilon_r + \varepsilon_t) \end{cases} \tag{2.1}$$

式中，A_s 和 l_s 分别为试样的横截面积和长度；A 和 E 分别为杆件材料的横截面积和弹性模量；C_0 为应力波在杆件中的传播速度，其计算公式为

$$C_0 = \sqrt{\dfrac{E}{\rho}} \tag{2.2}$$

其中，ρ 为压杆密度。进一步考虑到应力均匀假定，即 $\varepsilon_i + \varepsilon_r = \varepsilon_t$，则式（2.1）可以简化为

$$
\begin{cases}
\dot{\varepsilon}(t) = -\dfrac{2C_0}{l_s}\varepsilon_r \\[2mm]
\varepsilon(t) = -\dfrac{2C_0}{l_s}\displaystyle\int_0^t \varepsilon_r \mathrm{d}t \\[2mm]
\sigma(t) = \dfrac{A}{A_s}E\varepsilon_t
\end{cases}
\tag{2.3}
$$

式（2.3）称为二波法，计算简单，并且能够达到试验所需的精度，在试验计算中得到了广泛的应用，本书中所有输出的入射波、反射波及透射波都是用二波法进行计算处理后从而得到试样的应力-应变曲线。

一直以来，低阻抗材料的测试给传统的 SHPB 试验系统提出了极大的挑战。对低阻抗材料而言，一般认为，应力波必须在试样内部反射 3～4 次，才能保证试样应力平衡。传统的 SHPB 试验系统入射波上升较快，随后有一较长的平台段。由于上升时间过短，试样并未达到应力平衡，就已经发生破坏，使部分平台段对应的应力-应变曲线具有较大误差。为延长入射波的上升时间，学者设计了波形整形装置，即在入射杆子弹端加装相对软的材料制成尺寸合适的垫片，实现对入射波的过滤作用，延长入射波的上升时间，使试样有足够的时间达到应力平衡[74, 75]。由于试样材料的波阻抗低，传播至透射杆的信号较弱，使应变片难以捕捉。为此，学者提出采用较低波阻抗的材料作为压杆，铝合金相对钢材波阻抗较低，相同的加载力下，变形较大，因此用作压杆材料的情况比较多。本书的冲击试验也选用铝合金作为压杆材料，还有学者提出采用波阻抗和弹性模量更低的聚合物作为压杆材料，但这种材料具有明显的黏弹性特征，试验数据处理较为复杂，应用不多。对于波阻抗更低的测试材料，单纯地使用低阻抗材料压杆并不能较好地满足试验需要，需要采用半导体应变片或石英压力计作为应变传感器。普通的金属应变片灵敏度系数约为 2，半导体应变片灵敏度系数约为 100，后者是前者的 50 倍。作者进行的一些试验证实，半导体应变片对于低阻抗材料的 SHPB 试验结果比普通金属应变片有了极大的提升。

2.2　冻土试样制作

冲击试验采用的冻土试样由扰动土样冷冻制成，土样为成都黏土，取自某工地。试样含水率为 20%、干密度为 1.6g/cm³。

制作试样时，首先将取回的土样用橡胶锤初步粉碎，随后过筛孔直径为 2mm 的筛子预先筛分，再将筛下的土样依次通过筛孔直径分别为 2mm、0.5mm、

0.25mm 和 0.1mm 的筛子进行筛分。经过颗粒分析后获得了土样的颗粒配比，如表 2.1 所示。

表 2.1　单轴冲击试验用土样的颗粒配比情况

粒径/mm	<0.1	0.1~0.25	0.25~0.5	0.5~1.0	1.0~2.0	>2.0
比例/%	23.1	11.3	17.1	28.4	18.9	1.2

将筛分后的土样置于温度为 105℃ 的烘箱中烘干 12h。随后加入蒸馏水制成含水率为 20% 的土样，用保鲜膜密封保存 6h，使土样含水率均匀分布。取 64.13g 做好的含水率为 20% 的湿土样置入内径为 45mm 的击样器中，经平整后击实，得到 45mm×21mm 的粗试样，其干密度约为 1.6g/cm^3。用内径 30mm、高度 18mm 的环刀（图 2.3）切割粗试样，将环刀内粗试样两端凸出的部分削平后取出粗试样，得到冲击试验所需的 30mm×18mm 的土试样。随后在其表面均匀涂抹薄层凡士林，以阻止水分蒸发。最后将试样编号，并放入设置好温度的低温试验箱（图 2.4）中进行冷冻 24h，如图 2.5 所示。

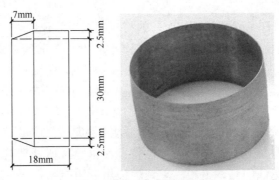

图 2.3　环刀尺寸与实物图

图 2.4　低温试验箱

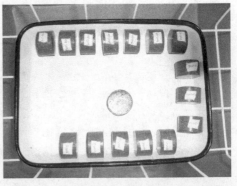

图 2.5　刚刚置入低温试验箱冷冻的试样

　　试验用 SHPB 的子弹直径为 14.5mm，而为了较好地避免冻土材料的离散性，试样直径不能选择为 14.5mm，试验用试样应该具有较大的横截面尺寸，在本章试验中将试样直径选为 30mm。通常，为了减小端面摩擦和惯性效应，SHPB 试验所用岩土材料试样的长径比为 0.5~1，因此本章中选择试样长度为 18mm。为了与试验用的 30mm 试样匹配，入射杆选用变截面杆。同时，由于变截面杆的使用，客观上要求子弹以较高的速度撞击入射杆，撞击产生的应力与撞击速度成正比。如 2.1 节所述，由于冻土的波阻抗较低，为了更好地采集应力波的信号，选用阻抗较低的 7075-T6 铝作为杆件材料。

　　同时，入射杆长度的选择应考虑避免入射波和反射波相互重叠，当入射杆长度是子弹长度的 2 倍以上时，粘贴在入射杆中部的应变片就能够捕捉到不重叠的入射波和反射波。试验用 SHPB 的子弹长度为 200mm。为了与冻土试样尺寸匹配，入射杆采用直锥变截面杆的形式，长度为 975mm，变截面部分长度为 20mm，透射杆长度为 400mm，如图 2.6 所示。

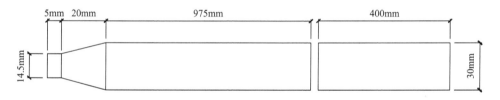

图 2.6　冻土单轴冲击试验用压杆尺寸图

　　压杆上应变片捕捉到的信号通过 CS-1D 型超动态应变仪传递给计算机进行分析，试验用 CS-1D 型超动态应变仪采样频率为 2MHz。

2.3　冻土单轴冲击试验结果及其讨论

　　选取 –3℃、–8℃、–13℃、–17℃、–23℃和–28℃共计 6 个负温冻土，分别进行应变率范围为 300~1200s⁻¹，每个温度包含 4~5 种不同高应变率的单轴冲击压缩试验，相同条件的试验重复 6~10 次。具体的温度和加载应变率如表 2.2 所示。试样尺寸仍全部为 30mm×18mm。

　　图 2.7（a）和（b）分别为–8℃冻土加载应变率为 550s⁻¹ 下和–23℃冻土加载应变率 1200s⁻¹ 下的单轴冲击应力-应变曲线。两组相同的加载条件下，曲线仍分别具有一定程度的离散性，其余的温度和应变率下冻土的动态应力-应变曲线离散程度类似，这是由材料本身的特殊性和动态试验的特点决定的。

表 2.2　不同温度冻土单轴冲击试验加载应变率分布

温度/℃	加载应变率/s⁻¹				
−3	350	600	800	1000	1200
−8	350	550	800	900	1200
−13	350	600	800	1000	1200
−17	350	600	800	1000	1200
−23	350	500	700	—	1200
−28	300	550	800	—	1200

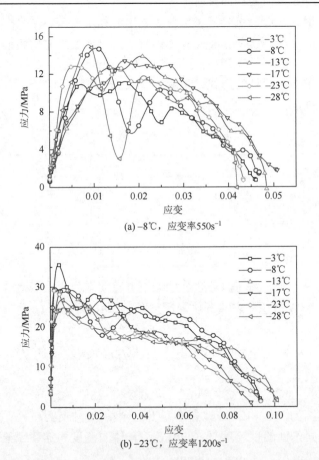

(a) −8℃，应变率550s⁻¹

(b) −23℃，应变率1200s⁻¹

图 2.7　两组不同温度和应变率下冻土的单轴冲击应力-应变曲线

　　为了避免离散性，将相同条件下得到的冻土单轴冲击应力-应变曲线进行平均，采用得到的平均应力-应变曲线进行分析。图 2.8 为 6 种不同负温冻土在不同应变率下的单轴冲击平均应力-应变曲线。

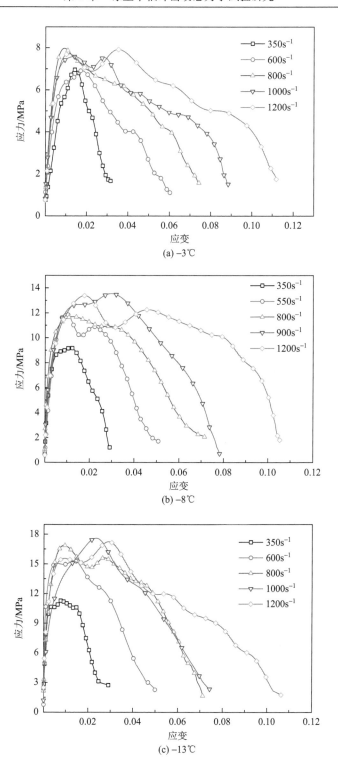

(a) −3℃

(b) −8℃

(c) −13℃

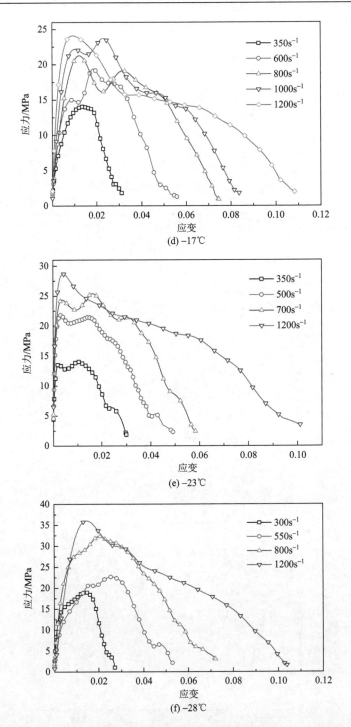

图 2.8 不同负温冻土在不同应变率下的单轴冲击平均应力-应变曲线

图 2.8 的所有曲线中，应力均在曲线的初始阶段迅速上升，达到峰值后下降，表现出脆性特征。每一个温度下，应力-应变曲线没有出现明显的汇聚现象，这可能是由试样的离散性导致的。

冻土试样单轴冲击加载后的形貌如表 2.3 所示，加载应变率为 $300s^{-1}$ 和 $350s^{-1}$ 时，试样没有明显破坏，其余加载应变率下，试样出现不同程度的破坏，并且随着应变率的增加，冻土试样的破坏程度越高，碎块的数量越多。同时，随着温度的降低，冰的含量增加，冻土抵抗变形的能力增加，因此温度越低，冻土破坏的碎块越少。

表 2.3　冻土试样单轴冲击加载后的形貌

温度	加载后的试样形貌				
−3℃	$350s^{-1}$	$600s^{-1}$	$800s^{-1}$	$1000s^{-1}$	$1200s^{-1}$
−8℃	$350s^{-1}$	$550s^{-1}$	$800s^{-1}$	$900s^{-1}$	
−13℃	$350s^{-1}$	$600s^{-1}$	$800s^{-1}$		$1200s^{-1}$
−17℃	$350s^{-1}$	$600s^{-1}$	$800s^{-1}$	$1000s^{-1}$	$1200s^{-1}$
−23℃	$350s^{-1}$	$500s^{-1}$	$700s^{-1}$		$1200s^{-1}$

续表

温度	加载后的试样形貌			
−28℃	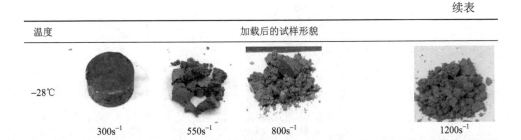			
	300s⁻¹	550s⁻¹	800s⁻¹	1200s⁻¹

由表 2.3 的冻土试样单轴冲击加载后的形貌可知, 在加载应变率低于 $350s^{-1}$ 时, 试样没有明显破坏; 应变率约为 $600s^{-1}$ 时试样破坏为较大的几块, 或者仍保持为整体, 但具有明显的裂纹; 随着加载应变率的增大, 试样加载后变得非常破碎。冻土的破坏是由其内部裂纹萌生和扩展引起的, 冲击动态加载下, 变形速度极快, 裂纹来不及充分扩展, 导致大量裂纹同时扩展。加载应变率越高, 同时扩展的裂纹越多, 流动应力和峰值应力就越高。从能量角度分析, 相同温度的冻土, 加载应变率越高, 应力水平越高, 最终应变越大, 在相同的加载时间内, 吸收的能量就越多, 试样也变得更加破碎。

2.3.1　冻土应变率效应

在试验范围内, 每个温度的冻土峰值应力和最终应变都随着加载应变率的增大而逐渐加大, 显示出明显的应变率效应。为了量化分析峰值应力和最终应变的应变率效应, 分别作出 6 个温度的冻土峰值应力-应变率和最终应变-应变率图, 如图 2.9 所示, 其中的直线分别为各温度的冻土峰值应力-应变率和最终应变-应变率的线性拟合线。

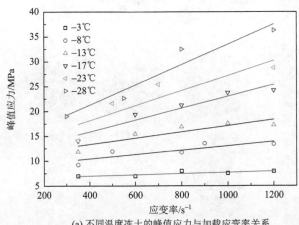

(a) 不同温度冻土的峰值应力与加载应变率关系

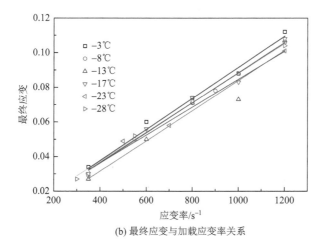

(b) 最终应变与加载应变率关系

图 2.9　冻土峰值应力-应变率和最终应变-应变率的关系

由图 2.9 可以看出，峰值应力和最终应变均随加载应变率的增大而线性增大。从图 2.9（a）可以看到，同一高应变率下，冻土的峰值应力随着温度的降低而显著提高。显然，冻土的峰值应力强烈依赖于温度和应变率。而图 2.9（b）中的 6 条曲线反映出，尽管温度不同，但 6 条拟合曲线趋势一致，并且非常接近。这说明温度对冻土冲击加载下的最终应变影响不大，冻土冲击加载下的最终应变只与加载应变率有关。冻土的温度越低，峰值应力随应变率的增长率越大。对于最终应变，不同温度冻土的增长率基本一致。入射杆内应力脉冲的幅值与子弹撞击速度成正比，加载应力幅值越大，反射应力幅值越大，根据式（2.3）和弹性假定，应变率和最终应变也同时增大。因此，加载应变率越大，试样变形越大。

从而可以认定，冻土表现出明显的应变率效应，即相同温度下，峰值应力随加载应变率的增大而增大，最终应变也随应变率的增大而增大。

2.3.2　冻土温度效应

为了便于比较单轴冲击加载下冻土的温度效应，将加载应变率分别设置为 $350s^{-1}$、$800s^{-1}$、$1000s^{-1}$ 和 $1200s^{-1}$ 的不同温度的冻土单轴冲击应力-应变曲线分别绘制于一幅图中，如图 2.10 所示。由图 2.10 可知，在各自应变率组中，尽管曲线的应力水平随温度变化而不同，但总体均呈现出迅速上升、缓慢下降的趋势，并且分别最终汇聚或者具有汇聚的趋势。相同加载应变率下低温冻土的整体应力水平高于高温冻土。这说明，在相同的加载应变率下，冻土的强度随着温度的降低

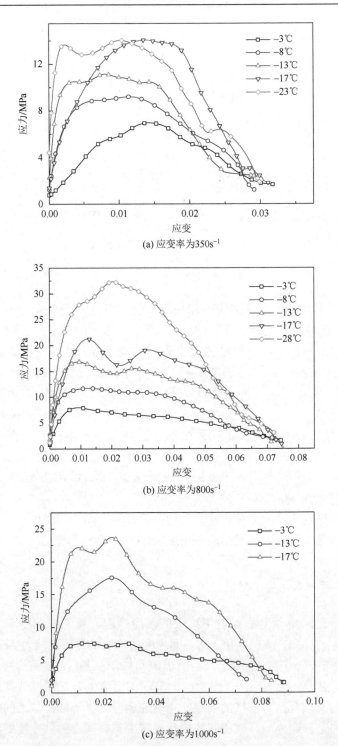

(a) 应变率为350s⁻¹

(b) 应变率为800s⁻¹

(c) 应变率为1000s⁻¹

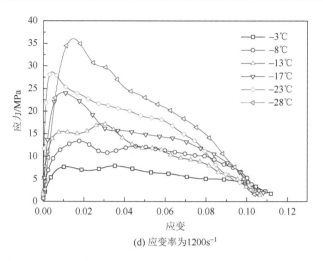

(d) 应变率为1200s⁻¹

图 2.10 不同应变率下不同温度的冻土单轴冲击应力-应变曲线

而增加, 呈现出温度效应。这是因为随着温度降低, 冻土中冰强度增加, 冰与矿物颗粒的胶结强度增加, 从而使冻土强度增加。为了对比冻土峰值应力的温度效应, 作出图 2.10 所涉及曲线的冻土峰值应力与温度关系, 并且在每个应变率下进行了线性拟合, 如图 2.11 所示。相同的加载应变率下, 峰值应力与冻土的温度基本呈现出线性关系。加载应变率为 1000s⁻¹ 和 1200s⁻¹ 两组峰值应力与温度拟合线基本重合。整体上看, 加载应变率越高, 峰值应力随温度变化越剧烈, 即加载应变率越高, 冻土峰值应力的温度敏感性越大。

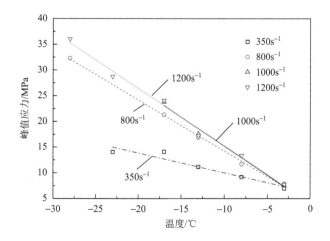

图 2.11 单轴冲击加载下不同加载应变率冻土的峰值应力与温度的关系

在相同的加载应变率下，不同温度冻土的最终应变基本相同。对比图 2.9（b）可以看出冻土材料冲击加载下的最终应变对于加载应变率的敏感性远高于温度。

2.4 本 章 小 结

本章首先介绍了 SHPB 试验设备以及 SHPB 试验技术的基本原理和基本假定，同时进行了冻土单轴冲击加载试验的研究，通过讨论分析获得以下几点结论：

（1）单轴动态加载下，冻土应力-应变曲线表现为应变软化，显示出脆性材料特征。除加载应变率约为 $350s^{-1}$ 外，冻土试样在其他加载应变率结束后均发生明显的破坏。

（2）冻土具有应变率效应，加载应变率越高冻土整体的应力水平越高，加载得到的最终应变越大，加载后试样破碎程度越大。

（3）冻土峰值应力和最终应变均随加载应变率增大呈线性增大的趋势。冻土温度越低，峰值应力随加载应变率增加越快。同时，冻土具有温度效应，温度越低，冻土的强度越高。

第3章 冻土单轴冲击动态本构模型

岩土高应变率加载下的本构模型一直是岩土动力学研究的重点之一。只有建立合理的动态本构模型,才能对冻土相关工程的建设进行更好的设计并对其稳定性、可靠性进行恰当的评价。冻土静态力学模型的研究相对丰富,但冲击动荷载下的力学模型却少有研究。本章介绍适用于冻土的黏弹性损伤本构模型和弹塑性损伤动态本构模型。

3.1 冻土黏弹性损伤本构模型

3.1.1 冻土黏弹性损伤本构模型的引入

过应力模型一直是本构模型研究的主流,但其只能反映强度随应变率的增大而增大,不能反映弹性模量的应变率效应。近年来出现了几种黏弹性损伤本构模型,能够表征材料应变损伤软化。

朱兆祥、王礼立和唐志平提出了一个适用于应变率为 $10^{-4}\sim10^3\mathrm{s}^{-1}$ 的非线性黏弹性本构模型,即 Z-W-T(朱-王-唐)模型[76]。该模型由一个非线性弹性体、一个低频麦克斯韦(Maxwell)体和一个高频 Maxwell 体并联组成,如图 3.1 所示。

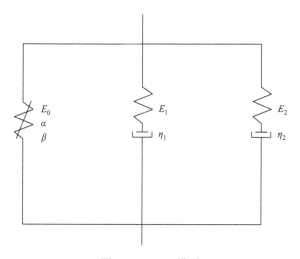

图 3.1 Z-W-T 模型

该模型可以表示成以下形式：

$$\sigma = E_0\varepsilon + \alpha\varepsilon^2 + \beta\varepsilon^3 + E_1\int_0^t \dot{\varepsilon}\exp\left(-\frac{t-\tau}{\varphi_1}\right)d\tau + E_2\int_0^t \dot{\varepsilon}\exp\left(-\frac{t-\tau}{\varphi_2}\right)d\tau \quad (3.1)$$

式中，E_0、α 和 β 为非线性弹性体的弹性常数；第一个积分项表示低应变率下的黏弹性响应，E_1、φ_1 分别为低频 Maxwell 体的弹性常数和松弛时间；第二个积分项表示高应变率下的黏弹性响应，E_2 和 φ_2 分别为高频 Maxwell 体的弹性常数和松弛时间，且 $\varphi_1 = \eta_1 / E_1$、$\varphi_2 = \eta_2 / E_2$。

对于岩土材料，式（3.1）并不能很好地描述加载过程中的应变软化现象。对冻土来说，其内部的损伤是随着动态加载过程不断发展的。因此，在上述黏弹性模型中引入损伤变量 D，式（3.1）可表示为

$$\sigma = (1-D)\left[E_0\varepsilon + \alpha\varepsilon^2 + \beta\varepsilon^3 + E_1\int_0^t \dot{\varepsilon}\exp\left(-\frac{t-\tau}{\varphi_1}\right)d\tau + E_2\int_0^t \dot{\varepsilon}\exp\left(-\frac{t-\tau}{\varphi_2}\right)d\tau\right]$$

$$(3.2)$$

可以认为冻土材料的损伤是服从韦布尔（Weibull）分布的，双参数的 Weibull 分布可以表示冻土材料的损伤 D 为[77]

$$D = 1 - \exp\left[-\left(\frac{\varepsilon}{a}\right)^n\right], \quad D < 1 \quad (3.3)$$

式中，ε 为应变；n、a 分别为非负的材料参数。将 a 设置为峰值应力所对应的应变 ε_f，式（3.3）可以表示为

$$D = 1 - \exp\left[-\left(\frac{\varepsilon}{\varepsilon_f}\right)^n\right] \quad (3.4)$$

进一步，在常应变率下，式（3.2）可以简化为

$$\sigma = \exp\left[-\left(\frac{\varepsilon}{\varepsilon_f}\right)^n\right]\left\{E_0\varepsilon + \alpha\varepsilon^2 + \beta\varepsilon^3 + E_1\varphi_1\dot{\varepsilon}\left[1-\exp\left(-\frac{\varepsilon}{\dot{\varepsilon}\varphi_1}\right)\right] + E_2\varphi_2\dot{\varepsilon}\left[1-\exp\left(-\frac{\varepsilon}{\dot{\varepsilon}\varphi_2}\right)\right]\right\}$$

$$(3.5)$$

同时注意到，冻土对温度较为敏感，因此在其本构关系中引入温度项 T^{*m}，其中 m 为温度指数，无量纲的温度 T^* 表示为 $T^* = (T-T_r)/(T_m-T_r)$。T 为冻土的实际温度；T_r 为室温，设为 20℃，即 293K；T_m 为材料熔点，此处设置为 0℃，即 273K。

因此式（3.5）可改写为

$$\sigma = \exp\left[-\left(\frac{\varepsilon}{\varepsilon_f}\right)^n\right]\left\{E_0\varepsilon + \alpha\varepsilon^2 + \beta\varepsilon^3 + E_1\varphi_1\dot{\varepsilon}\left[1-\exp\left(-\frac{\varepsilon}{\dot{\varepsilon}\varphi_1}\right)\right] + E_2\varphi_2\dot{\varepsilon}\left[1-\exp\left(-\frac{\varepsilon}{\dot{\varepsilon}\varphi_2}\right)\right]\right\}T^{*m}$$

$$(3.6)$$

式（3.6）即黏弹性损伤本构模型的最终形式。

3.1.2　冻土黏弹性损伤本构模型的结果讨论

温度指数 m 是根据相同应变率下冻土的峰值应力与温度的关系进行优先拟合，随后进行其余参数的拟合，具体的材料参数见表 3.1。6 种温度冻土的黏弹性损伤本构模型的应力-应变曲线如图 3.2 所示。

表 3.1　冻土黏弹性损伤本构模型的材料参数

参数	E_0 /MPa	E_1 /MPa	E_2 /MPa	α /MPa	β /MPa	ϕ_1 /s
取值	225	11	2370	−2696	11230	0.5
参数	ϕ_2 /s	n	ε_f	m	T_r /K	T_m /K
取值	7.50×10^{-6}	6.50×10^{-1}	0.015	1.7	293	273

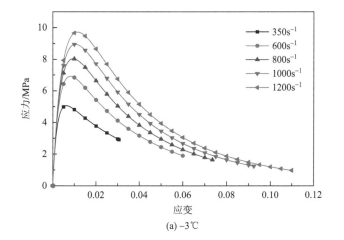

(a) −3℃

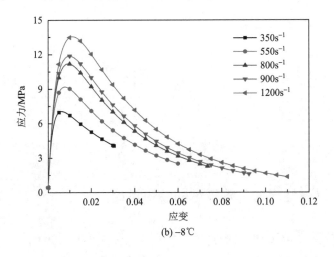

(b) −8℃

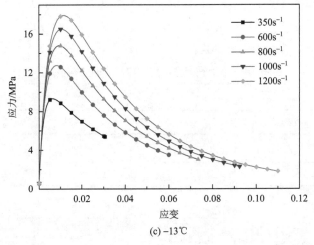

(c) −13℃

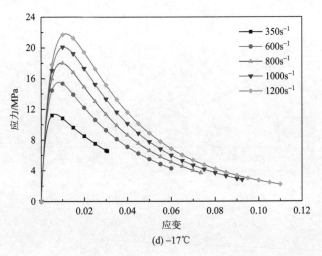

(d) −17℃

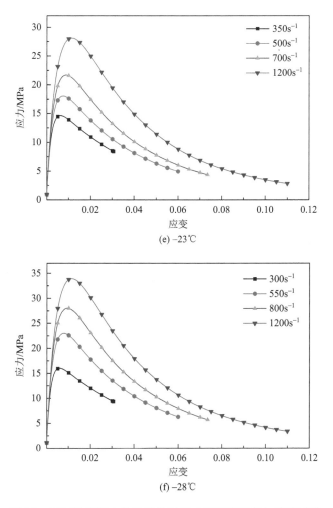

图 3.2　不同温度冻土的黏弹性损伤本构模型的应力-应变曲线

　　从整体上看，模型曲线与试验曲线具有一定的一致性，模型能够描述各温度冻土的应变率效应，同时也能很好地描述冻土的温度效应。模型与试验的峰值应力-应变率关系对比如图 3.3 所示，实心点为模型数据，空心点为试验数据。可以发现，模型大体上能够描述峰值应力随应变率增大而近似线性提高的趋势，同时也能够表现出这种提高的趋势随温度的降低而增大，模型与试验数据吻合较好。试验数据出现的离散和振荡与冻土材料的特殊性有关，这种特殊性一方面源于冻土本身具有很大的离散性，可能出现内部颗粒的分布不均；另一方面，试样是手工制作的，也会产生一定的误差。对比两个 Maxwell 体的参数，发现 $E_1 \ll E_2$、$\varphi_1 \gg \varphi_2$，这说明模型中低频 Maxwell 体处于次要地位，高频 Maxwell 体处于主要地位。

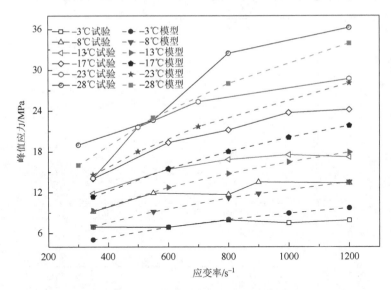

图 3.3 黏弹性损伤本构模型与冻土单轴冲击加载试验的峰值应力-应变率关系

3.2 冻土 Johnson-Cook 模型

3.1 节的黏弹性损伤本构模型对冻土应力-应变曲线的峰前部分描述得较为理想，但对峰后部分的描述效果一般。本节尝试使用改进的 Johnson-Cook 模型描述冻土的动态本构关系。

3.2.1 冻土 Johnson-Cook 模型的引入

Johnson-Cook 模型提出于 1984 年，用于描述金属材料大变形、高应变率和高温下的本构关系，适用于绝大多数金属材料，可以表示为[78]

$$\sigma = (A + B\varepsilon^n)(1 + C\ln\dot{\varepsilon}^*)(1 - T^{*m}) \tag{3.7}$$

式中，σ 为材料的等效应力；ε 为等效塑性应变；$\dot{\varepsilon}^* = \dot{\varepsilon}/\dot{\varepsilon}_0$，为无量纲的等效塑性应变率，$\dot{\varepsilon}_0 = 1.0\text{s}^{-1}$，为参考应变率，$\dot{\varepsilon}$ 为实际等效应变率；$T^* = (T - T_r)/(T_m - T_r)$，$T$ 为材料实际温度，T_r 为室温，T_m 为材料的熔点；A、B、C、n 和 m 分别为材料常数。

式（3.7）等号右端的第一项表示应变对于等效应力的影响，第二项与第三项分别反映应变率和材料温度对等效应力的影响。

假定冻土是均匀的各向同性材料。冻土单轴冲击加载时具有应变软化行为，可以认为这是加载时的损伤累积引起的。冻土内部损伤演化极其复杂，简便起见，引入由应变累积表示的损伤，为

$$D(\varepsilon) = \sum \frac{\Delta \varepsilon}{\varepsilon_f}, \quad D < 1 \tag{3.8}$$

式中，$\Delta\varepsilon$ 为应变增量；ε_f 为冻土的最终应变。

第 2 章的试验结果表明，冻土具有明显的温度效应。但与大多数金属材料不同的是，冻土并不具备一个弹性模量等材料指标基本相同的温度范围。因此，原 Johnson-Cook 模型中的温度项并不适用于冻土，需要为冻土设置一个新的温度项。

由图 2.11 可知，单轴冲击加载下，冻土的峰值应力与温度具有一定的线性关系。引入线性温度项 $1-mT^*$，$T^* = (T-T_r)/(T_m-T_r)$，T 是材料实际温度，与原温度项不同，T_r 是参考温度，T_m 是材料的熔点，m 是温度系数。

假定单轴冲击加载下冻土的弹性变形很小，可以忽略。将式（3.8）代入式（3.7），原 Johnson-Cook 模型可以改进为

$$\sigma = (A + B\varepsilon^n)(1 + C\ln\dot{\varepsilon}^*)(1 - mT^*)(1 - D) \tag{3.9}$$

式中，σ 为材料的等效应力；ε 为应变；$\dot{\varepsilon}^* = \dot{\varepsilon}/\dot{\varepsilon}_0$，为无量纲的应变率；$\dot{\varepsilon}_0 = 1.0\mathrm{s}^{-1}$，为参考应变率；$\dot{\varepsilon}$ 为实际应变率。

3.2.2　冻土 Johnson-Cook 模型的结果及讨论

以-28℃，即 245K 为参考温度，273K 为熔点。A 为冻土静强度，-7℃冻土静强度约为 7MPa，根据其与同温度冻土冲击加载时峰值应力的比例关系，得到-28℃冻土静强度约为 12MPa。B、C、n 和 m 分别为应变系数、应变率系数、应变指数和温度系数，由曲线拟合得到。具体的材料参数如表 3.2 所示。

表 3.2　改进的 Johnson-Cook 模型的材料参数

A/MPa	B	C	n	m	T_r/K	T_m/K
12	160	0.02	0.5	0.9	245	273

根据改进的 Johnson-Cook 模型，得到-28℃冻土的改进 Johnson-Cook 模型曲线如图 3.4 所示。图 3.4 中，实心点表示模型曲线，空心点表示试验曲线。从图 3.4 中可以看出，模型能够描述-28℃冻土的冲击动态本构关系，实现了对应变软化的描述。由于试验曲线本身具有一定的离散性，导致模型峰前部分描述得不是很理想，但对于峰后部分描述得比较好。其他温度冻土的改进 Johnson-Cook 模型曲线如图 3.5 所示，对比图 3.3，可以发现模型曲线与试验曲线在数值和趋势上都十分接近，模型能够表现出冻土的温度效应和应变率效应。

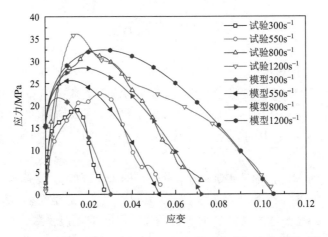

图 3.4　−28℃冻土改进 Johnson-Cook 模型曲线与试验曲线对比

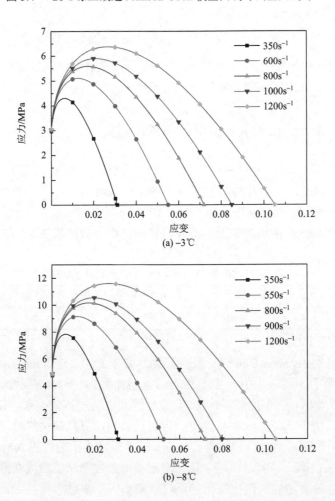

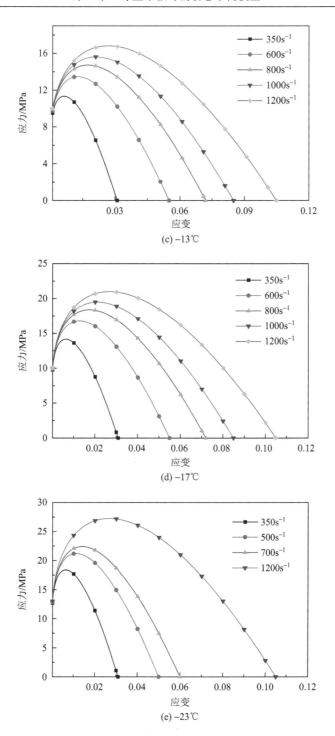

图 3.5　不同温度冻土的改进 Johnson-Cook 模型曲线

3.3　本章小结

本章给出了冻土的黏弹性损伤本构模型和改进的 Johnson-Cook 模型，得到如下结论：

（1）冻土的黏弹性损伤本构模型引入了 Weibull 分布形式的损伤变量，形式简单，物理意义明确，能够表现出冻土的温度效应和应变率效应，在冻土单轴冲击应力-应变曲线峰前描述效果较好。

（2）改进的 Johnson-Cook 模型引进了应变累积损伤，改进了原模型的温度响应项，能够描述冻土的温度效应和应变率效应。此模型对于冻土单轴冲击应力-应变曲线峰后部分的描述优于黏弹性损伤本构模型。

第4章 不同粒径下冻土的冲击动态力学试验研究

本章对不同粒径范围的冻土试样进行不同冻结温度条件下和不同加载应变率下的动态冲击力学试验，研究土体颗粒粒径对冻土动态冲击力学性能的影响，揭示不同粒径冻土的应变率效应和温度效应，为后续章节冻土动态冲击本构关系的建立提供试验数据。

4.1 试 验 过 程

制作本次冻土 SHPB 试验用试样土体的基本参数如表 4.1 所示。

表 4.1 土样的基本参数

土的性质	含水率/%	试样尺寸/mm
扰动黏土	30	$\phi 30 \times 18$

采集好土样后，首先采用蜡封法测量土样的干密度，将制备好的土试样全部浸入石蜡中迅速拿出并风干，然后用电子秤称取蜡封试样质量，精确到 0.01g，与预先测得的土试样质量相减得到石蜡的质量，由此计算出蜡封所用的石蜡体积。接着将蜡封试样置于量筒中，测得蜡封试样的体积，蜡封试样体积与石蜡体积的差值就是土样的体积。已知土样的质量与体积，前者与后者的比值就是土样的湿密度。再测得土样彻底干燥后的质量，与土样体积的比值就是土样的干密度，在本次试验中测得的干密度为 1.6g/cm³。

制备不同粒径的冻土试样，将采集好的土样用锤子初步均匀粉碎，按《土工试验方法标准》（GB/T 50123—2019）将粉碎后的土样用 10 目的筛子筛掉粒径大于 2mm 的细石子，接着将剩下的土体颗粒陆续过 20 目、40 目、80 目的筛子，得到不同粒径大小范围的土体颗粒。不同粒径大小范围的土体颗粒所占比例如表 4.2 所示。

表 4.2 土样的颗粒配比情况

粒径/mm	<0.1	0.1～0.25	0.25～0.5	0.5～2	>2
所占比例/%	32	16	25	19	8

按《土工试验方法标准》（GB/T 50123—2019）去掉粒径大于 0.5mm 的细

石子，分别取粒径小于 0.1mm、0.1～0.25mm、0.25～0.5mm 的土体颗粒制作成细颗粒、中颗粒、粗颗粒三组试样，取原始颗粒级配的土体颗粒制作成自然级配试样，如图 4.1 所示。

(a) 细颗粒试样　　　　　　　　　　　　(b) 中颗粒试样

(c) 粗颗粒试样　　　　　　　　　　　　(d) 自然级配试样

图 4.1　不同粒径大小的土样颗粒

将烘箱温度设置为 120℃，将筛分好的四组不同粒径的土样颗粒放入其中烘干，12h 后取出烘干的土样，均匀拌入计算好的适量蒸馏水，使得土样的含水率达到试验计划的 30%，然后密封静置 6h，让土样和蒸馏水彻底混合均匀。

本次制作冻土试样的模具如图 4.2 所示，由底盖、顶盖、环形筒、箍环、垫块五个部分组成。制作试样时，先用凡士林均匀涂抹底盖、顶盖和环形筒的内壁，以方便取出成型的试样；然后把底盖和环形筒组装好，用箍环固定，放入两个垫块，再均匀填入 26.45g 含水率均匀的土样；接着依次覆上剩下的垫块和顶盖。用橡胶锤缓慢敲击顶盖数次，直到顶壁与箍环完全接触，如图 4.3 所示。

图 4.2　制作冻土试样的模具

图 4.3　组装好的模具

取出制作好的土体试样。先缓慢旋开顶盖和底盖，去掉箍环，然后沿轴向逐个移除组成环形筒的三块壁板，最后缓慢旋转移除垫块。为了防止在冻结过程中土体试样和周围环境发生水分交换，导致含水率发生变化，将取出的土体试样均匀抹上凡士林，然后放入低温试验箱，冻结 24h 后取出，以便进行 SHPB 冲击试验。

4.2　试验结果及讨论

对四组不同粒径范围的试样都分别在–5℃、–15℃、–25℃三个温度下进行冻结，然后都分别进行 $700s^{-1}$、$900s^{-1}$、$1200s^{-1}$ 三个高应变率的冲击加载，一共是 36 次试验，具体的工况如表 4.3 所示。

表 4.3　冻土 SHPB 试验的工况

温度	颗粒类型			
	粗颗粒	中颗粒	细颗粒	自然级配颗粒
	$700s^{-1}$	$700s^{-1}$	$700s^{-1}$	$700s^{-1}$
–5℃	$900s^{-1}$	$900s^{-1}$	$900s^{-1}$	$900s^{-1}$
	$1200s^{-1}$	$1200s^{-1}$	$1200s^{-1}$	$1200s^{-1}$
	$700s^{-1}$	$700s^{-1}$	$700s^{-1}$	$700s^{-1}$
–15℃	$900s^{-1}$	$900s^{-1}$	$900s^{-1}$	$900s^{-1}$
	$1200s^{-1}$	$1200s^{-1}$	$1200s^{-1}$	$1200s^{-1}$

续表

温度	颗粒类型			
	粗颗粒	中颗粒	细颗粒	自然级配颗粒
	$700s^{-1}$	$700s^{-1}$	$700s^{-1}$	$700s^{-1}$
−25℃	$900s^{-1}$	$900s^{-1}$	$900s^{-1}$	$900s^{-1}$
	$1200s^{-1}$	$1200s^{-1}$	$1200s^{-1}$	$1200s^{-1}$

4.2.1　冻土应变率效应

　　由粗颗粒、中颗粒、细颗粒、自然级配颗粒四组不同粒径的土样分别在−5℃、−15℃、−25℃三个温度下冻结而成的冻土试样在受到 $700s^{-1}$、$900s^{-1}$、$1200s^{-1}$ 三个高应变率的动态冲击加载以后，同一粒径范围同一冻结温度的冻土试样随不同加载应变率的应力-应变曲线对比如图 4.4 所示。

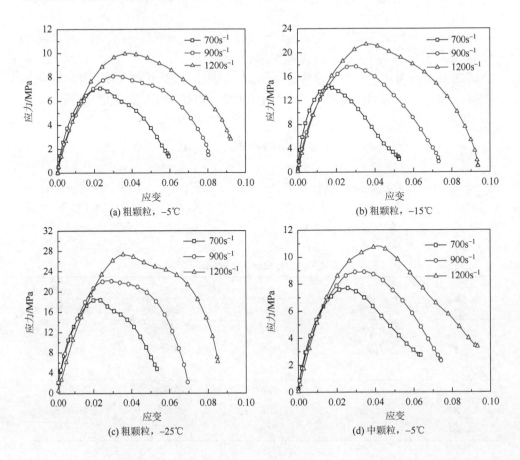

(a) 粗颗粒，−5℃　　　　　　　　　　(b) 粗颗粒，−15℃

(c) 粗颗粒，−25℃　　　　　　　　　　(d) 中颗粒，−5℃

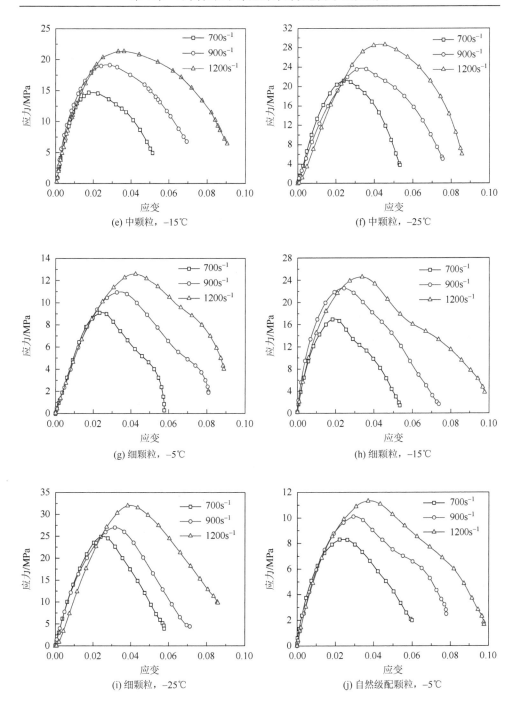

(e) 中颗粒，-15℃

(f) 中颗粒，-25℃

(g) 细颗粒，-5℃

(h) 细颗粒，-15℃

(i) 细颗粒，-25℃

(j) 自然级配颗粒，-5℃

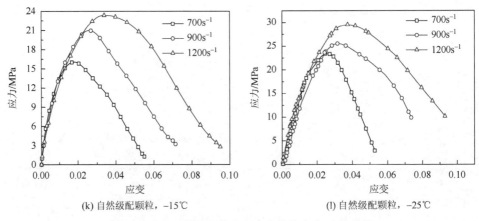

(k) 自然级配颗粒，−15℃　　　　　　　　(l) 自然级配颗粒，−25℃

图 4.4　冻土试样随加载应变率变化的应力-应变曲线

在单轴高应变率动态冲击条件下，由于加载的时间十分短暂，冲击的瞬间冻土试样可以近似看成处于一维应变的状态。如图 4.4 所示，所有曲线都在最开始经过一小段的线性上升以后进入应变强化阶段，这是由于冻土试样中的初始微孔洞逐渐被压实，冻土试样的强度得到加强，同时冻土试样中的初始微裂纹的扩展削弱了冻土试样的强度，导致冻土试样强度随应变增大的上升趋势越来越缓慢，达到峰值强度后进入应变软化阶段，最终破坏失效。

由图 4.4 得到，所有组别冻土冲击试验峰值应力随应变率变化的情况汇总如表 4.4 所示。

表 4.4　所有组别冻土冲击试验峰值应力随应变率变化汇总（单位：MPa）

颗粒类型，温度	应变率		
	$700s^{-1}$	$900s^{-1}$	$1200s^{-1}$
粗颗粒，−5℃	7.08	8.14	10.01
粗颗粒，−15℃	14.16	17.78	21.42
粗颗粒，−25℃	18.52	22.17	27.32
中颗粒，−5℃	7.7	8.92	10.82
中颗粒，−15℃	15.11	19.73	22.19
中颗粒，−25℃	21.25	23.77	28.67
细颗粒，−5℃	9.12	11.98	12.59
细颗粒，−15℃	16.97	22.55	24.59
细颗粒，−25℃	24.96	26.98	32.08
自然级配颗粒，−5℃	8.32	10.12	11.33
自然级配颗粒，−15℃	16.07	21	23.37
自然级配颗粒，−25℃	23.86	25.97	30.05

全部不同条件下制作而成的冻土试样的峰值应力都随着应变率的增加而显著增加，表现出了明显的应变率效应。所有组别冻土试样的峰值应力随应变率的变化趋势如图 4.5 所示。从图中可以看出，温度为–5℃时冻土试样的峰值应力与温度为–15℃、–25℃冻土试样的峰值应力差距明显，这是因为在温度较高时，冻土试样中的未冻水含量随着温度的降低变化剧烈，导致冻土试样的峰值应力也变化明显；而在温度较低时，冻土试样中的未冻水含量已经趋于平稳，只随着温度的降低细微变化，所以冻土的峰值应力相应也平稳微量增加。

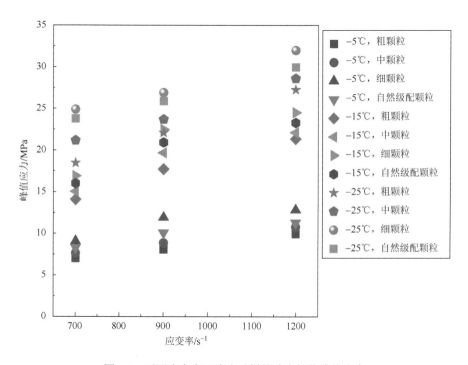

图 4.5 不同应变率下冻土试样的冲击加载峰值应力

4.2.2 冻土温度效应

由粗颗粒、中颗粒、细颗粒、自然级配颗粒四组不同粒径的土样分别在–5℃、–15℃、–25℃三个温度下冻结而成的冻土试样在受到 $700s^{-1}$、$900s^{-1}$、$1200s^{-1}$三个高应变率的动态冲击加载以后，同一粒径范围同一加载应变率下的冻土试样随冻结温度变化的应力-应变曲线对比如图 4.6 所示。

如图 4.6 所示，对于不同冻结温度不同粒径范围的冻土试样，在 $700s^{-1}$ 应变率加载下的终值应变都近似为 0.055，在 $900s^{-1}$ 应变率加载下的终值应变都近似

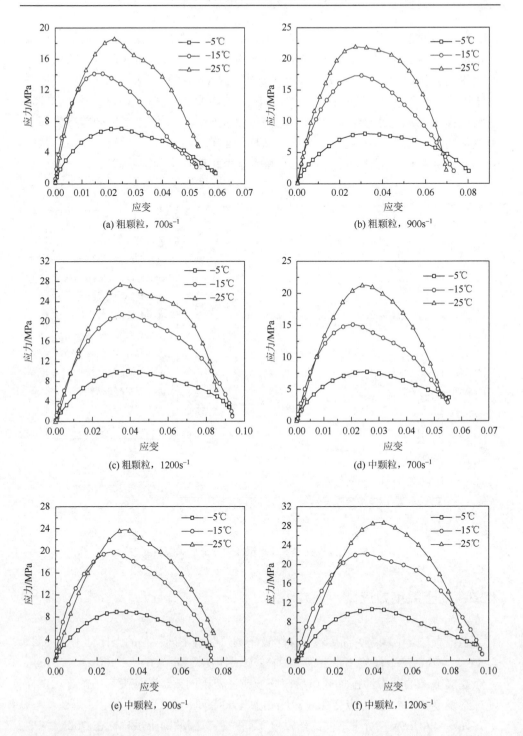

(a) 粗颗粒，700s⁻¹

(b) 粗颗粒，900s⁻¹

(c) 粗颗粒，1200s⁻¹

(d) 中颗粒，700s⁻¹

(e) 中颗粒，900s⁻¹

(f) 中颗粒，1200s⁻¹

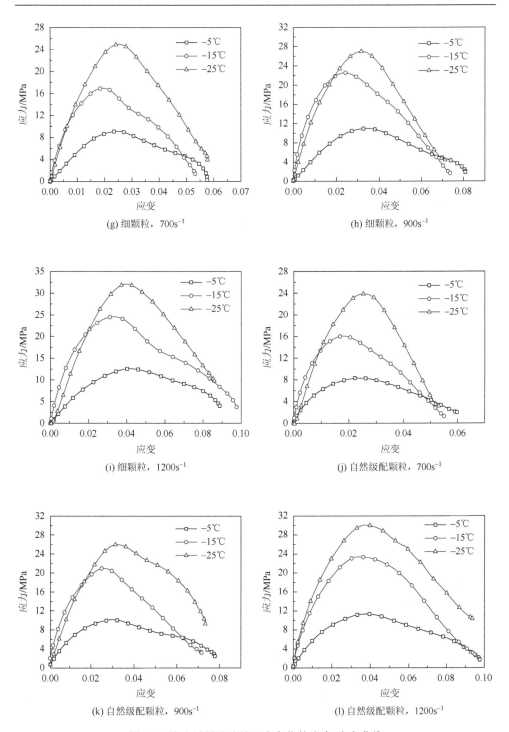

(g) 细颗粒，700s^{-1}　　　　　　　　　　(h) 细颗粒，900s^{-1}

(i) 细颗粒，1200s^{-1}　　　　　　　　(j) 自然级配颗粒，700s^{-1}

(k) 自然级配颗粒，900s^{-1}　　　　　　(l) 自然级配颗粒，1200s^{-1}

图 4.6　冻土试样随冻结温度变化的应力-应变曲线

为 0.075,在 1200s^{-1} 应变率加载下的终值应变都近似为 0.09,都出现了应变汇聚现象,并且汇聚现象只依赖于应变率,温度与土体颗粒粒径对其影响不大,这与前人的研究[79]结果一致,应变汇聚现象是冻土 SHPB 试验的典型特征,只有加载应变率相同时才能产生,与土体的基本材料参数无关。

由图 4.6 得到,所有组别冻土冲击试验的峰值应力随温度变化的情况汇总如表 4.5 所示。全部不同粒径范围的冻土在不同应变率加载下的峰值应力都随着温度的降低而增加,也表现出明显的温度效应。所有组别冻土试样不同应变率下的峰值应力随温度的变化趋势如图 4.7 所示。从图 4.7 中可以看出,随着温度的降低,相同粒径冻土试样在不同应变率加载下的峰值应力差距越来越大,这是因为温度越低,冻土试样中的主要承载结构冰体的作用越凸显,对加载应变率的变化也就越敏感。

表 4.5　所有组别冻土冲击试验的峰值应力随温度变化汇总（单位：MPa）

颗粒类型,应变率	温度		
	−5℃	−15℃	−25℃
粗颗粒,700/s^{-1}	7.08	14.16	18.52
粗颗粒,900/s^{-1}	8.14	17.78	22.17
粗颗粒,1200/s^{-1}	10.01	21.42	27.32
中颗粒,700/s^{-1}	7.7	15.11	21.25
中颗粒,900/s^{-1}	8.92	19.73	23.77
中颗粒,1200/s^{-1}	10.82	22.19	28.67
细颗粒,700/s^{-1}	9.12	16.97	24.96
细颗粒,900/s^{-1}	11.98	22.55	26.98
细颗粒,1200/s^{-1}	12.59	24.59	32.08
自然级配颗粒,700/s^{-1}	8.32	16.07	23.86
自然级配颗粒,900/s^{-1}	10.12	21	25.97
自然级配颗粒,1200/s^{-1}	11.33	23.37	30.05

从图 4.4 和图 4.6 的试验结果可以得知,由单一范围粒径固体土体颗粒冻结而成的冻土试样与自然级配固体土体颗粒冻结而成的冻土试样在冲击力学性能上没有本质区别,都随着加载应变率和冻结温度的变化表现出明显的应变率效应和温度效应,与文献[80]所述基本相符。但是在同样的工况下,单一范围粒径冻土试样强度与自然级配冻土试样峰值应力始终相差近似稳定的值。

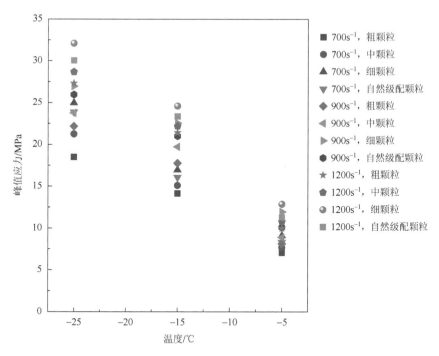

图 4.7　不同应变率加载下的峰值应力随温度的变化趋势

4.2.3　冻土粒径效应

为了进一步了解土体颗粒粒径对冻土冲击强度的影响，将不同工况加载下的四组粒径冻土试样冲击试验结果进行一一对比，如图 4.8 所示。

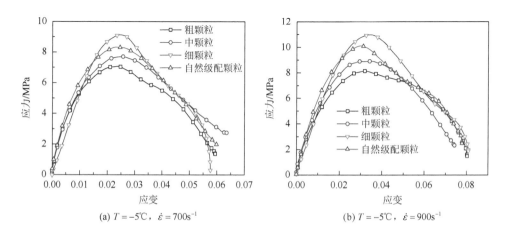

(a) $T = -5℃$，$\dot{\varepsilon} = 700s^{-1}$　　　　　(b) $T = -5℃$，$\dot{\varepsilon} = 900s^{-1}$

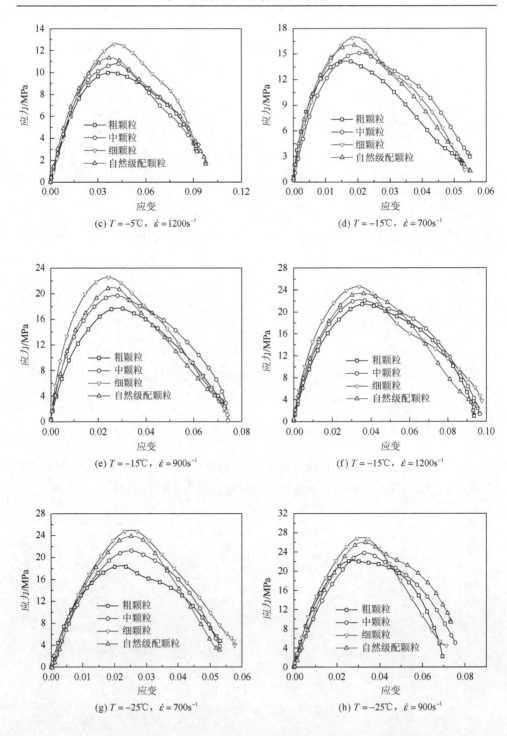

(c) $T=-5℃$，$\dot{\varepsilon}=1200\mathrm{s}^{-1}$

(d) $T=-15℃$，$\dot{\varepsilon}=700\mathrm{s}^{-1}$

(e) $T=-15℃$，$\dot{\varepsilon}=900\mathrm{s}^{-1}$

(f) $T=-15℃$，$\dot{\varepsilon}=1200\mathrm{s}^{-1}$

(g) $T=-25℃$，$\dot{\varepsilon}=700\mathrm{s}^{-1}$

(h) $T=-25℃$，$\dot{\varepsilon}=900\mathrm{s}^{-1}$

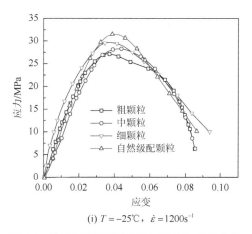

(i) $T = -25℃$，$\dot{\varepsilon} = 1200\text{s}^{-1}$

图 4.8　冻土试样随粒径变化的应力-应变曲线

根据图 4.8 得到，所有组别冻土试样冲击试验峰值应力随粒径变化的情况汇总如表 4.6 所示。

表 4.6　峰值应力随冻土试样粒径变化汇总（单位：MPa）

温度，应变率	颗粒类型			
	粗颗粒	中颗粒	细颗粒	自然级配颗粒
$-5℃$，700s^{-1}	7.08	7.7	9.12	8.32
$-5℃$，900s^{-1}	8.14	8.92	11.98	10.12
$-5℃$，1200s^{-1}	10.01	10.82	12.59	11.33
$-15℃$，700s^{-1}	14.16	15.11	16.97	16.07
$-15℃$，900s^{-1}	17.78	19.73	22.55	21
$-15℃$，1200s^{-1}	21.42	22.19	24.59	23.37
$-25℃$，700s^{-1}	18.52	21.25	24.96	23.86
$-25℃$，900s^{-1}	22.17	23.77	26.98	25.97
$-25℃$，1200s^{-1}	27.32	28.67	32.08	30.05

对于同样冻结温度的冻土试样在相同加载应变率下的峰值应力排列趋势依次均为细颗粒试样峰值应力最大，其次是中颗粒试样，最后是粗颗粒试样，自然级配冻土试样的应力峰值介于细颗粒试样与中颗粒试样之间。所有组别冻土试样的峰值应力随温度的变化趋势如图 4.9 所示。

对于上述的试验结果，可以从细观角度进行分析。土体颗粒表面通常带有负电荷，颗粒周围溶液中的水分子双极体（水分子一端带正电荷，一端带负电荷）被颗粒吸引，在颗粒表面形成有规律排列的水化膜，这便是强结合水。这种水膜

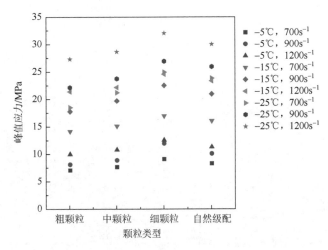

图 4.9   不同粒径的冻土试样冲击加载峰值应力

由于受到非常大的静电吸引力，与颗粒结合得十分牢固，即使在很低的温度下也不可能冻结。但是，强结合水膜的电荷并不足以平衡土体颗粒表面的全部负电荷，因而在强结合水膜外还有水分子被吸引，但它们离颗粒表面较远，静电吸引力减小，同时受到热运动和其他离子或颗粒的吸引力作用，因此与颗粒的结合微弱得多，这便是弱结合水。弱结合水是一种含量可变化的水，冻土中未冻水含量的变化就是弱结合水含量的变化。土体颗粒粒径越小，颗粒的静电吸引力越小，吸引的强结合未冻水也就越少，转化为冰的弱结合未冻水也就越多，那么以冰作为主要承载结构的冻土强度也就越大。

同时，土体颗粒粒径越小，颗粒之间的胶结冰在冻土内部分布得越均匀，胶结作用越强，冻土的结构越稳定。由陈柏生等[49]的研究可得，冻土在高应变率冲击作用下，冰的损伤、破坏起着主导作用，由于是瞬态冲击加载，加载的时间十分短暂，初始裂纹在扩展时来不及沿土体颗粒和冰体颗粒薄弱的连接面贯通，只能分别在各自的土体颗粒区域与冰体颗粒区域同时扩展。分布越均匀的胶结冰裂纹扩展的截面所占的总表面积越大，所需要的破坏能越大。图 4.10 为冻结温度–25℃时四组不同粒径大小的冻土试样在 900s^{-1} 应变率加载破坏后的形态也很好地证明了这一点，在同样的工况下，粒径越小的冻土试样破坏后形成的碎块越少，结构越稳定；另外，粒径越小的冻土试样破坏后形成的碎块越大，抵抗冲击破坏的能力越大。

从图 4.9 中还可以看出，对于自然级配的冻土试样，相同工况下只有细颗粒试样的强度比其大，中颗粒试样和粗颗粒试样的峰值应力都比其小，这说明对于冻土，当土体颗粒粒径小于一定范围以后，所形成的冻土结构会比自然级配的冻土更为稳定。

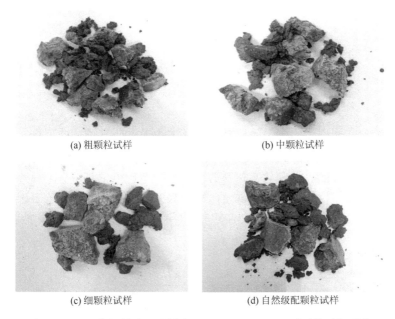

(a) 粗颗粒试样　　　　　　　　　　　(b) 中颗粒试样

(c) 细颗粒试样　　　　　　　　　　　(d) 自然级配颗粒试样

图 4.10　不同粒径的冻土试样在 $T = -25℃$、$\dot{\varepsilon} = 900\text{s}^{-1}$ 时的破坏形态

4.3　本章小结

本章首先对由粗颗粒、中颗粒、细颗粒、自然级配颗粒四组不同粒径的土样分别在 $-5℃$、$-15℃$、$-25℃$ 三个温度下冻结而成的冻土试样进行了 700s^{-1}、900s^{-1}、1200s^{-1} 三个高应变率加载的动态冲击试验，随后对试验结果进行了分析讨论，得到了以下结论。

（1）冻土在单轴动态冲击加载下的应力-应变曲线可以分为四个阶段：线弹性阶段、应变强化阶段、应变软化阶段、破坏阶段。应变强化阶段和应变软化阶段是由冻土内部微孔洞的压实和微裂纹的扩展引起的。

（2）冻土具有明显的应变率效应，峰值应力随着加载应变率的增大而增大。温度越高，不同粒径的冻土试样在相同应变率加载下的峰值应力差距越明显。

（3）冻土具有明显的温度效应，峰值应力随着冻结温度的降低而增大，并且在相同应变率加载下，不同冻结温度的冻土试样应力-应变曲线会出现汇聚现象。温度越低，相同粒径的冻土试样在不同应变率加载下的峰值应力差距越明显。

（4）在相同冻结温度和相同加载应变率下，不同粒径的冻土试样的峰值应力依次为细颗粒试样峰值应力最大，其次是中颗粒试样，最后是粗颗粒试样，自然级配冻土试样的应力峰值介于细颗粒试样与中颗粒试样之间。出现这种现象的原因是不同粒径的土体颗粒吸引强结合未冻水的能力有差别。

第 5 章　基于冰体颗粒增强的冻土动态细观本构模型

冻土的动态冲击本构模型的研究一直是冻土动态研究领域的重点，只有建立了合理的本构模型，才能对实际工程中冻土的动态冲击力学行为进行合理的预测。如图 5.1 所示，Zhu 等[81]在建立材料的动态冲击本构模型时，从细观方面把材料拆分成一系列有序排列的立方体单元，每个立方体都由晶界相和核心相两部分组成。本章参考 Zhu 等的研究，也从细观方面对冻土的动态冲击本构模型进行讨论。

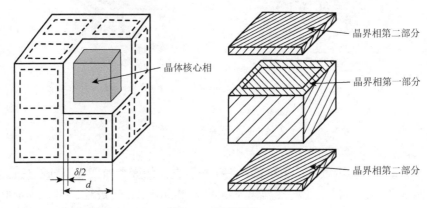

图 5.1　细观结构

5.1　动态细观本构模型

5.1.1　本构模型的描述

Arenson 等[82]的研究证明，冻土在含冰量非极端的情况下通常为横向各向同性材料。由于本书所研究的冻土冲击加载试验所采用的试样为圆柱体，并且冻土中存在大量的微孔洞和气体，本研究在 Zhu 等[81]研究的基础上，假设冻土的细观结构是由一系列圆柱体代表性体积单元组成，在与冲击方向垂直的面上是各向同性的，代表性体积单元之间的间隙由气体和未冻水填充。所研究冻土的细观结构如图 5.2 所示，该圆柱体代表性体积单元以土作为基体，内部夹杂着的冰体颗粒作为增强体。作为基体的土体分为两部分，一部分是与冲击方向垂直的上下土盖板，另一部分是与冲击方向平行的环形土薄壁。

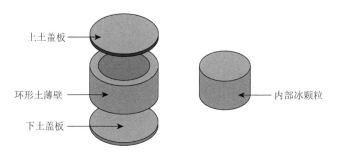

图 5.2　冻土的细观结构

从图 5.2 可以看出，如果分别令 f_I、f_{S1} 和 f_{S2} 为冰体颗粒、环形土薄壁和上下土盖板在圆柱体代表性体积单元中的相对体积含量，冰体颗粒与代表性体积单元的横截面积之比就等于冰体颗粒与自身和环形土薄壁形成的整体的体积之比，为

$$\frac{A_I}{A} = \frac{f_I}{f_I + f_{S1}} \tag{5.1}$$

式中，A_I 为冰体颗粒的横截面积（μm^2）；A 为圆柱体代表性体积单元的横截面积（μm^2）。

环形土薄壁与代表性体积单元的横截面积之比等于环形土薄壁与自身和冰体颗粒形成整体的体积之比，为

$$\frac{A_{S1}}{A} = \frac{f_{S1}}{f_I + f_{S1}} \tag{5.2}$$

式中，A_{S1} 为环形土薄壁的横截面积（μm^2）。

同时，冰体颗粒和环形土薄壁整体体积与代表性体积单元的轴向厚度之比也就等于冰体颗粒和环形土薄壁整体体积与代表性体积单元的体积之比，为

$$\frac{l_0}{l} = \frac{f_I + f_{S1}}{f_I + f_{S1} + f_{S2}} \tag{5.3}$$

式中，l_0 为冰体颗粒和环形土薄壁的轴向厚度（μm）；l 为圆柱体代表性体积单元的轴向厚度（μm）。

上下土盖板与代表性体积单元的轴向厚度之比等于上下土盖板与代表性体积单元的相对体积含量之比，为

$$\frac{l_2}{l} = \frac{f_{S2}}{f_I + f_{S1} + f_{S2}} \tag{5.4}$$

式中，l_2 为上下土盖板的轴向厚度（μm）。

通过图 5.2 的细观模型，可以将冻土描述成包含土相和冰相的复合材料，当受到单轴动态冲击时，土相和冰相的结构及变形关系可以简化成图 5.3。

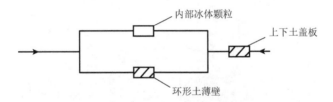

图 5.3　冻土细观结构变形关系的逻辑图

　　由图 5.3 可以看出，内部冰体颗粒和环形土薄壁并联后形成的整体又与上下土盖板串联，所以当受到冲击作用时，内部冰体颗粒和环形土薄壁的变形相同，并且变形大小等于冰体颗粒和环形土薄壁的整体变形。内部冰体颗粒和环形土薄壁的轴向厚度相同，所以应变也相同，即

$$\varepsilon_0 = \varepsilon_I = \varepsilon_{S1} \tag{5.5}$$

式中，ε_0 为内部冰体颗粒和环形土薄壁组成整体的应变；ε_I 为内部冰体颗粒的应变；ε_{S1} 为环形土薄壁的应变。

　　同时，作用在内部冰体颗粒和环形土薄壁整体体积单元上的合力等于作用在内部冰体颗粒体积单元上的合力和作用在环形土薄壁上的合力之和，即

$$\sigma_0 A = \sigma_I A_I + \sigma_{S1} A_{S1} \tag{5.6}$$

式中，σ_0 为内部冰体颗粒和环形土薄壁组成整体的总应力（MPa）；σ_I 为内部冰体颗粒的应力（MPa）；σ_{S1} 为环形土薄壁的应力（MPa）。

　　将式（5.1）和式（5.2）代入式（5.6），可得

$$\sigma_0 = \sigma_I \frac{f_I}{f_I + f_{S1}} + \sigma_{S1} \frac{f_{S1}}{f_I + f_{S1}}$$

　　由内部冰体颗粒和环形土薄壁并联后形成的整体与上下土盖板串联可以得到：作用在内部冰体颗粒和环形土薄壁整体体积单元上的合力，与作用在上下土盖板体积单元上的合力相同，并且合力的大小等于作用在整个圆柱体代表性体积单元上的合力。因为上下土盖板的横截面积与内部冰体颗粒和环形土薄壁整体的横截面积相同，所以应力也相同，即

$$\sigma = \sigma_0 = \sigma_{S2} \tag{5.7}$$

式中，σ 为整个代表性体积单元的应力（MPa）；σ_{S2} 为上下土盖板的应力（MPa）。

　　同时，圆柱体代表性体积单元的整体变形就等于内部冰体颗粒和环形土薄壁的整体变形与上下土盖板的变形之和，即

$$\varepsilon l = \varepsilon_0 l_0 + \varepsilon_{S2} l_2 \tag{5.8}$$

式中，ε 为整个圆柱体的应变；ε_{S2} 为上下土盖板的应变。

　　将式（5.3）和式（5.4）代入式（5.8），可得

$$\varepsilon = \varepsilon_0 (f_I + f_{S1}) + \varepsilon_{S2} f_{S2} \tag{5.9}$$

分别引入土相的动态宏观弹性模量 E_S 和冰相的动态宏观弹性模量 E_I，单位均为 MPa，则有

$$\sigma_I = E_I \varepsilon_I, \quad \sigma_{S1} = E_S \varepsilon_{S1}, \quad \sigma_{S2} = E_S \varepsilon_{S2} \tag{5.10}$$

联立式（5.5）、式（5.6）和式（5.10），可得

$$\sigma_I = \frac{f_I + f_{S1}}{\dfrac{E_S f_{S1}}{E_I} + f_I} \sigma \tag{5.11}$$

将式（5.5）、式（5.7）和式（5.11）代入式（5.10），可得

$$\sigma = \frac{\varepsilon}{\left(\dfrac{f_I + f_{S1}}{f_{S1} E_S + f_I E_I} \right)(f_I + f_{S1}) + \dfrac{f_{S2}}{E_S}} \tag{5.12}$$

式（5.12）即冻土的细观本构方程。

值得一提的是，由于毛细作用和孔隙水压力，融土的冲击强度受液态水的影响很大，而冻土的冲击强度却主要靠冰来承担。并且在本书所研究的细观本构模型中，当代表性体积单元正面受到冲击作用时，上下土盖板上覆盖的未冻水相当于和整个单元串联，受到的应力相同，由于水的不可压缩性，不发生应变，冻土的应变就是代表性体积单元的应变，在代表性体积单元破坏后，未冻水随碎块剥离。所以在本书所研究的细观本构模型中，不考虑未冻水本身的影响，同时由于圆柱体代表性体积单元之间的孔隙由未冻水和气体填充，未冻水并没有填充满整个孔隙，在圆柱体单元受到正面冲击的瞬间，环形土薄壁周围的未冻水对正面冲击的影响也可以不考虑。

5.1.2　模型的参数确定

由前人的研究[83]可知，冻土在不同温度下的未冻水含量可表示为

$$w_u = A_1 T^B \tag{5.13}$$

式中，w_u 为冻土的未冻水含量；T 为冻土负温的数值，即温度的绝对值（℃）；A_1 为大于零的常数；B 为小于零的常数。

已知冻土未冻水含量，冻土中冰的含量即初始水含量减去未冻水含量，即

$$w_I = w - w_u \tag{5.14}$$

式中，w 为冻土的初始水含量；w_I 为冻土的含冰量。

冻土中冰的体积分数可由式（5.15）相应得到：

$$f_I = \frac{m_d w_I}{\rho_I V} \tag{5.15}$$

式中，m_d 为试样干土的质量（g），在试验中为 20.35g；ρ_I 为冰体的密度（g/cm³），取 0.9g/cm³；V 为试样的体积（mm³），在试验中为 12.72mm³。

假设代表性体积单元中的薄壁土在所有土相中所占的体积分数为 f，那么环形土薄壁和上下土盖板分别在圆柱体代表性体积单元中的相对体积含量 f_{S1} 和 f_{S2} 可以用冰体颗粒在圆柱体代表性体积单元中的相对体积含量 f_I 来表达，即

$$f_{S1} = (1 - f_I)f, \quad f_{S2} = (1 - f_I)(1 - f) \tag{5.16}$$

在静态和准静态加载下，土相在加载过程中的弹性模量 E_S 等于土相在加载前的初始弹性模量 E_0。在高应变率冲击动态加载下，由于裂纹扩展强度损伤引起弹性模量的变化，假定强度损伤 D_1 符合双参数的 Weibull 分布[84]，即

$$D_1 = 1 - \exp\left[-\left(\frac{\varepsilon}{a}\right)^n\right] \tag{5.17}$$

式中，n 为无量纲的形状参数；a 为无量纲尺度参数。

则可以得到土相强度损伤后变化的弹性模量 E_T，即

$$E_T = E_0(1 - D_1) = E_0 \exp\left[-\left(\frac{\varepsilon}{a}\right)^n\right] \tag{5.18}$$

式中，E_0 为薄层土相的弹性模量（MPa），取 50MPa；E_T 为薄层土相强度损伤后变化的弹性模量（MPa）。

众所周知，在单轴压缩冲击加载情况下，冻土动态力学性能区别于静态、准静态一个显著的特点就是具有显著的应变率效应，所以在冻土的冲击动态本构模型研究中，必须考虑引入与应变率相关的项。

在高应变率动态冲击加载下，冻土的动态变形行为在冲击过程中具有分层推进破坏的特征，得不到充分均匀和即时传递，因此冻土的主要组成部分的土相肯定也是分层破坏的。假设当前冲击破坏面是即时强度发生损伤的唯一微层面，同时土相在冲击方向的强度由无数相同性质薄层的强度线性叠加而成，根据前人的研究[79]，对于任意时刻 t，当前土体宏观动态弹性模量就是薄层的瞬态冲击强度损伤后变化的弹性模量与剩下部分土体弹性模量的线性叠加，即

$$E_S \approx \frac{(N_t + 1)E_0 E_T}{E_0 + N_t E_T} \tag{5.19}$$

式中，N_t 为剩余未破坏土层厚度与当前冲击薄层的厚度之比，且

$$N_t = \left(1 - \frac{t}{t_T}\right)\frac{l_1}{\Delta l} \tag{5.20}$$

其中，t 为已加载时间（s）；t_T 为总加载时间（s），在本章试验中为 10^{-4}s；l_1 为冻土试样的轴向厚度（m）；Δl 为假设的瞬态冲击薄层厚度（m），由于入射杆

的刚度和子弹的冲击速度与 Δl 的值联系紧密，同时动态参数 $\dot\varepsilon$ 也与瞬态冲击薄层 Δl 有一定关系，近似认为 $\Delta l \approx \alpha\dot\varepsilon t_T l_1$，在本书中，根据文献[79]的研究，取为 $\Delta l / l_1 = 0.1$。

式（5.20）中的瞬态已加载时间 t 在常应变率加载下可以表示为

$$t = \frac{\varepsilon}{\dot\varepsilon} \tag{5.21}$$

式中，$\dot\varepsilon$ 为应变率（s^{-1}）。

于是，便可得到包含应变率项的冻土动态本构方程，即

$$\sigma = \cfrac{\varepsilon}{\cfrac{\left(f_I + f_{S1}\right)^2}{f_{S1}\left\{\cfrac{\left[\left(1-\cfrac{\varepsilon}{\dot\varepsilon t_T}\right)\cfrac{l_1}{\Delta l}+1\right]E_0 E_T}{E_0 + \left(1-\cfrac{\varepsilon}{\dot\varepsilon t_T}\right)\cfrac{l_1}{\Delta l}E_T}\right\}+f_I E_I} + \cfrac{f_{S2}}{\left\{\cfrac{\left[\left(1-\cfrac{\varepsilon}{\dot\varepsilon t_T}\right)\cfrac{l_1}{\Delta l}+1\right]E_0 E_T}{E_0 + \left(1-\cfrac{\varepsilon}{\dot\varepsilon t_T}\right)\cfrac{l_1}{\Delta l}E_T}\right\}}} \tag{5.22}$$

此外，鉴于冰相在高应变率单轴冲击下是脆性破坏[84]，变形量很小，可把冲击加载前后冰相的弹性模量近似看成不变，取为 10GPa。

5.1.3 本构模型的验证

对于未冻水含量经验公式（5.13）中的参数 A_1 和 B，需要按照土体未冻水含量与负温关系的实测曲线优先拟合，由于本章的粗颗粒、中颗粒、细颗粒三组冻土试样都是人工筛分的比例，旨在研究土体颗粒粒径对冻土动态力学性能的影响，没有相应的实测曲线，以自然级配冻土试样来验证本章所构建的本构模型。

按照含水率 30%的黏土未冻水含量与负温关系的实测曲线[85]优先拟合，拟合得出的 A_1 值为 0.162，B 值为-0.233，最终得到冻土在-5℃、-15℃和-25℃的冰体积分数，如表 5.1 所示。

表 5.1 不同温度下冻土的未冻水含量和冰体积分数

温度/℃	未冻水含量/%	冰体积分数/%
-5	0.1	0.089
-15	0.083	0.112
-25	0.075	0.134

因为在不同的冻结温度和高应变率冲击加载下，冻土试样受冲击作用破坏的损伤演化过程会有一定的差别，所以 n 和 a 作为与损伤有关的参数，常常会在一

定范围内上下浮动。利用最小二乘法对损伤项中材料的形状和尺度参数以及薄壁土的体积分数进行拟合，对于不同的加载条件，a 的取值范围为 0.01~0.04，n 的取值范围为 0.5~2.5，f 的取值为 0.96。

　　不同条件下冻土在动态冲击下的理论计算曲线和试验曲线的对比如图 5.4 所示。

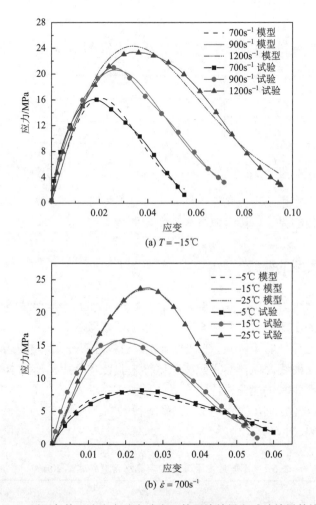

(a) $T = -15℃$

(b) $\dot{\varepsilon} = 700\text{s}^{-1}$

图 5.4　不同条件下冻土在动态冲击下的理论结果和试验结果的比较

　　通过对比可以发现，对于 $-15℃$ 的恒定温度，在 700s^{-1}、900s^{-1} 和 1200s^{-1} 三个高应变率下中颗粒组冻土的动态加载试验结果，与基于冰体颗粒增强的细观动态本构模型结果得到的曲线拟合得很好，具有很好的一致性。在应变率恒定为 700s^{-1} 的冲击加载下，对于 $-5℃$、$-15℃$ 和 $-25℃$ 三个温度冻结的冻土，动态加载试验曲线也与本章的细观动态本构模型得到的曲线拟合得很好。总的来说，基于冰体颗粒增强的动态冲击细观本构模型能够很好地反映冻土的动态冲击应力-应变关系。通过理论计算曲线与冲击试验实测曲线的对比，验证了所建动态本构模型的合理性和适用性，模型具有很好的预测能力。

5.2　基于塑性和损伤耦合的冻土动态本构模型

由第 4 章的试验研究可以知道，胶结冰的分布不同会导致冻土在动态冲击加载下微裂纹的扩展方式和扩展速率不同，对冻土的强度有着重要影响，因此从微裂纹扩展的细观角度研究冻土的动态冲击本构行为有着十分重要的意义，而 5.1 节基于冰体颗粒增强的冻土动态细观本构模型虽然能够直观地描述冻土细观结构，但是对于冻土动态冲击破坏过程中的塑性变形行为和裂纹扩展行为描述有所欠缺，因此本节介绍一种塑性和损伤耦合的冻土动态本构模型。

5.2.1　本构模型的描述

由于动态冲击破坏过程是个瞬态过程，变形很小，在这个前提下，冻土材料的总应变率根据应变分解原理可以看成弹性部分和塑性部分的组合，即

$$\dot{\varepsilon} = \dot{\varepsilon}_{ij}^{e} + \dot{\varepsilon}_{ij}^{p} \tag{5.23}$$

式中，$\dot{\varepsilon}$ 为冻土的总应变率（s^{-1}）；$\dot{\varepsilon}_{ij}^{e}$ 为冻土的弹性应变率（s^{-1}）；$\dot{\varepsilon}_{ij}^{p}$ 为冻土的塑性应变率（s^{-1}）。

并且，弹性应变部分又可以分为偏量部分和球量部分，即

$$\varepsilon_{ij}^{e} = e_{ij} + \frac{1}{3} \varepsilon_{kk}^{e} \delta_{ij} \tag{5.24}$$

式中，ε_{ij}^{e} 为冻土的弹性应变；e_{ij} 为冻土的弹性偏应变；ε_{kk}^{e} 为冻土的弹性体应变；$\frac{1}{3} \varepsilon_{kk}^{e} \delta_{ij}$ 为冻土的弹性球应变。

冻土的弹性模量与剪切模量满足以下关系：

$$\mu = \frac{E}{2(1+\nu)} \tag{5.25}$$

式中，E 为冻土的弹性模量（MPa）；μ 为冻土的剪切模量（MPa）；ν 为冻土的泊松比，取 0.3。

所以弹性偏应变与弹性偏应力的关系为

$$e_{ij} = \frac{1}{2\mu} s_{ij} = \frac{1+\nu}{E} s_{ij} \tag{5.26}$$

式中，s_{ij} 为冻土的弹性偏应力（MPa）。

冻土的体积模量为

$$K = \frac{E}{3(1-2\nu)} \tag{5.27}$$

式中，K 为冻土的体积模量（MPa）。

假定弹性和塑性完全耦合，弹性体应变与体应力的关系可以表示为[86]

$$\varepsilon_{kk}^e = 3K\sigma_{kk}^e = \left(\frac{1-2\nu}{E}\right)\sigma_{kk}^e = \left(\frac{1-2\nu}{E}\right)\sigma_{kk} \tag{5.28}$$

式中，σ_{kk}^e 为冻土的弹性体应力（MPa）；σ_{kk} 为冻土的总体应力（MPa）。

同时，总应力，即弹性应力，也可以分为偏量部分和球量部分，即

$$\sigma_{ij} = \sigma_{ij}^e = s_{ij} + \frac{1}{3}\sigma_{kk}^e\delta_{ij} \tag{5.29}$$

式中，σ_{ij} 为冻土的总应力（MPa）；σ_{ij}^e 为冻土的弹性应力（MPa）；s_{ij} 为冻土的弹性偏应力（MPa）；$\frac{1}{3}\sigma_{kk}^e\delta_{ij}$ 为冻土的弹性球应力（MPa）。

联立式（5.26）与式（5.29）可以得到

$$e_{ij} = \frac{1+\nu}{E}(\sigma_{ij} - \frac{1}{3}\sigma_{kk}^e\delta_{ij}) \tag{5.30}$$

式（5.28）和式（5.30）分别对时间求导可得到式（5.31）和式（5.32）：

$$\dot{\varepsilon}_{kk}^e = \left(\frac{1-2\nu}{E}\right)\dot{\sigma}_{kk} \tag{5.31}$$

$$\dot{e}_{ij} = \frac{1+\nu}{E}\left(\dot{\sigma}_{ij} - \frac{1}{3}\dot{\sigma}_{kk}^e\delta_{ij}\right) \tag{5.32}$$

式中，$\dot{\varepsilon}_{kk}^e$ 为冻土的弹性体应变率（s^{-1}）；$\dot{\sigma}_{kk}$ 为冻土的总体应力率（MPa/s）；$\dot{e}_{ij}$ 为冻土的弹性偏应变率（s^{-1}）；$\dot{\varepsilon}_{kk}^e$ 为冻土的弹性体应变率。

将式（5.31）、式（5.32）、式（5.24）代入式（5.23）可得

$$\dot{\varepsilon}_{ij} = \frac{1+\nu}{E}\dot{\sigma}_{ij} - \frac{\nu}{E}\dot{\sigma}_{kk}\delta_{ij} + \dot{\varepsilon}_{ij}^p \tag{5.33}$$

塑性应变率由式（5.34）控制：

$$\dot{\varepsilon}_{ij}^p = \dot{\lambda}\frac{\partial F}{\partial\sigma_{ij}} \tag{5.34}$$

式中，F 为屈服函数；$\dot{\lambda}$ 为塑性流动因子。

屈服函数 F 采用广泛应用于岩土的 Drucker-Prager 屈服准则[87]：

$$F = \alpha_0 I_1 + J_2^{1/2} \tag{5.35}$$

式中，α_0 为与内摩擦角有关的常数，因为通常可以把冻土近似看成理想的黏滞体，摩擦角为 $0°$[88]，那么 α_0 也就为 0；I_1 为应力张量第一不变量（MPa）；J_2 为偏应力张量第二不变量（MPa）。

对于塑性流动因子 $\dot{\lambda}$，本章采用 Colantonio 等[89]提出的定义，即

$$\dot{\lambda} = \gamma \left\langle \frac{F}{m_p} \right\rangle^{n_p} \tag{5.36}$$

式中，γ、m_p、n_p 都为材料参数。函数 $\langle x \rangle$ 定义如下：

$$\langle x \rangle = \begin{cases} 0, & x \leqslant 0 \\ x, & x > 0 \end{cases} \tag{5.37}$$

由于本书研究的是单轴冲击，x 恒大于 0，令 $n_p = 1$，式（5.36）可以简化为

$$\dot{\lambda} = \gamma \frac{F}{m_p} \tag{5.38}$$

将式（5.35）和式（5.38）代入式（5.34）得到

$$\dot{\varepsilon}_{ij}^p = \gamma \frac{(\alpha_0 I_1 + J_2)}{m_p} \frac{\partial(\alpha_0 I_1 + J_2)}{\partial \sigma_{ij}} \tag{5.39}$$

将式（5.39）代入式（5.33）即可得到相应的本构关系，即

$$\dot{\varepsilon}_{ij} = \frac{1+\nu}{E} \dot{\sigma}_{ij} - \frac{\nu}{E} \dot{\sigma}_{kk} \delta_{ij} + \gamma \frac{(\alpha_0 I_1 + J_2)}{m_p} \frac{\partial(\alpha_0 I_1 + J_2)}{\partial \sigma_{ij}} \tag{5.40}$$

在常应变率下，有

$$\dot{\sigma} = \frac{\sigma \dot{\varepsilon}}{\varepsilon} \tag{5.41}$$

那么，在单轴冲击情况下本构关系可以简化为

$$\dot{\varepsilon} = \frac{1}{E} + \frac{\gamma(\alpha_0 + 0.577)^2 \sigma}{m_p} \tag{5.42}$$

根据式（5.42），冻土应力可以推导为

$$\sigma = \frac{\dot{\varepsilon}}{\dfrac{\gamma(\alpha_0 + 0.577)^2}{m_p} + \dfrac{1}{E\varepsilon}} \tag{5.43}$$

5.2.2　损伤引入

为了使复杂的问题简单化，从宏观的角度常常忽略冻土材料内部客观存在的缺陷，把冻土材料视为连续均匀体，然而当把范围缩小到细观层面时，冻土内部

存在的微裂纹和微孔洞却是不容忽视的。冻土材料内部各组成部分之间的力学性能相差很大，并且由于随机分布的微裂纹缺陷和微孔洞缺陷的存在，冻土的力学性能在外荷载的作用下会产生弱化效应。假定用损伤 D 来描述冻土材料的这种弱化，根据 Lemaitre 等[90]应变等价性原理，材料在外加荷载下发生损伤 $(D \neq 0)$ 时的应变和外加荷载下没有发生损伤 $(D = 0)$ 时的应变是等价的，即

$$\tilde{\sigma} = \frac{\sigma}{1-D} \tag{5.44}$$

式中，$\tilde{\sigma}$ 为发生损伤时的有效应力（MPa）；σ 为没有发生损伤时的名义应力（MPa）；D 为假定的损伤因子，$0 \leqslant D \leqslant 1$，当 $D = 1$ 时，表示材料完全丧失承载能力。

用式（5.44）中的 $\tilde{\sigma}$ 替代式（5.43）中的 σ，得到包含损伤的冻土动态冲击本构关系，即

$$\sigma = \frac{\dot{\varepsilon}(1-D)}{\frac{\gamma(\alpha_0 + 0.577)^2}{m_p} + \frac{1}{E\varepsilon}} \tag{5.45}$$

根据已有的研究[91]，可认为多孔复合材料的损伤 D 由两部分组成：一部分是由微裂纹缺陷引起的损伤 D_t；另一部分是由冻土内部的微孔洞缺陷引起的损伤 D_c。为简单计算，设损伤为 D_t 和 D_c 的线性组合，即

$$D = \alpha D_t + (1-\alpha)D_c \tag{5.46}$$

式中，α 为权重系数，$0 \leqslant \alpha \leqslant 1$，$\alpha = 0$ 时表示 D 是由微孔洞缺陷引起的全部损伤，$\alpha = 1$ 时表示 D 是由微裂纹缺陷引起的全部损伤。

冻土内部存在着大量形状、大小不同的微裂纹，在高应变率冲击加载下，这些随机分布的微裂纹吸收了足够的冲击能，一起被激活构成了应力释放区，同时损伤产生并累积，最终导致冻土材料强度和刚度弱化效应的产生，一旦弱化效应达到一定程度，冻土材料就会开裂破坏。假定微裂纹不是随机分布的，而是在冻土材料内部均匀分布，并且这些微裂纹都满足理想微裂纹系统的条件，那么冻土材料的内部单位体积内含有的微裂纹比例可以定义为损伤 D_t，即

$$D_t = \frac{V_d}{V} = \frac{V - V_s}{V}, \quad D_t \geqslant 0 \tag{5.47}$$

式中，V 为冻土材料的体积（mm³）；V_s 为体积 V 内没有微裂纹损伤部分的体积（mm³）；V_d 为体积 V 中微裂纹的体积（mm³）。

假定冻土材料单位体积微裂纹在其代表性体积单元内的密度分布函数为 n，则 ndv_1 表示 t 时刻体积在 $v_1 \sim v_1 + dv_1$ 范围内的微裂纹数。因此损伤 D_t 可以表示为

$$D_t = \int_0^\infty n(a,t)v_1 dv_1 \tag{5.48}$$

式中，v_1 为单个微裂纹的特征体积。$n(a,t)$ 是理想微裂纹系统中的数密度分布函数，满足下列演化方程：

$$\frac{\partial n}{\partial t} + \frac{\partial(n\dot{a})}{\partial t} = n_N \tag{5.49}$$

式中，n_N 和 $\dot{a}$ 分别为微裂纹的成核率密度和扩展的速度（m/s）。

在理想的微裂纹系统中，有

$$n_N = n_N(a, \sigma(t)), \quad \dot{a} = \dot{a}(a, \sigma(t)) \tag{5.50}$$

式（5.48）对时间求导，得

$$\dot{D}_t = \int_0^\infty \dot{n} v_1 \mathrm{d}v_1 + \int_0^\infty n\dot{v}_1 \mathrm{d}v_1 \tag{5.51}$$

联立式（5.49）与式（5.51）可以得到

$$\dot{D}_t = \int_0^\infty n\dot{v}_1 \mathrm{d}v_1 + \int_0^\infty n_N \mathrm{d}v_1 \tag{5.52}$$

由式（5.52）可以看出，微裂纹损伤量 D_t 的变化是由裂纹线性尺度的长大 $\int_0^\infty n\dot{v}_1 \mathrm{d}v_1$ 和成核 $\int_0^\infty n_N \mathrm{d}v_1$ 两部分引起的，把长大部分记为 $(D_t)_g$，成核部分记为 $(D_t)_n$。

微裂纹成核也是随机发生的，这个过程用成核率密度 n_N 来描述，因为成核的大小与成核时的应力水平和微裂纹的大小有关，那么根据前人的研究[92]，成核密度可以用式（5.53）来表达：

$$n_N = K_{\mathrm{th}} \left(\frac{\sigma_t}{\sigma_{\mathrm{th}}} - 1 \right) \left(\frac{a}{a_{\mathrm{th}}} \right)^{m-1} \exp\left(-\left(\frac{a}{a_{\mathrm{th}}} \right)^m \right) \tag{5.53}$$

式中，K_{th}、m、a_{th} 为与材料性质有关的常数。a 为微裂纹的大小（mm）。σ_{th} 为微裂纹成核的门槛值（MPa），当应力 $\sigma_t > \sigma_{\mathrm{th}}$ 时，微裂纹成核并扩展；当 $\sigma_t \leqslant \sigma_{\mathrm{th}}$ 时，微裂纹维持原状。σ_t 为与外加荷载 σ 不一样的拉伸应力（MPa），主要影响微裂纹的损伤演化，σ_t 和 σ 之间有一定的联系，为了简化问题，假定 $\sigma_t = kE\varepsilon$，其中 E 为冻土的弹性模量（MPa），k 为相应的转化因子，表示冻土内部微损伤对其应力场的影响，当外加压缩荷载时 $k < 1$，当外加拉伸荷载时 $k > 1$[93, 94]。

根据裂纹发生脆性断裂失稳的临界条件[95]，微裂纹成核的应力门槛值由式（5.54）得到：

$$\sigma_{\mathrm{th}} = \frac{K_{\mathrm{IC}}}{Y\sqrt{\pi a_{\mathrm{th}}}} \tag{5.54}$$

式中，Y 为形状系数，与冻土试样的形状、外加荷载、裂纹尺寸及分布等有关，本章令 $Y = 1$；K_{IC} 为冻土材料的断裂韧度，根据刘增利[96]的研究，取 0.9MPa·m$^{1/2}$。

假定冻土材料内部全是钱币状的微裂纹，那么单个微裂纹的特征体积为[97]

$$v_1 = \beta a^3 \tag{5.55}$$

式中，v_1 为单个微裂纹的特征体积（mm³）；β 为几何因子，依赖于微裂纹的形状和尺寸。

将式（5.53）、式（5.55）代入 $(D_t)_n$ 可得由微裂纹成核引起的损伤，即

$$(D_t)_n = 3K_{th}\left(\frac{\sigma_t}{\sigma_{th}}-1\right)\int_0^\infty \left(\frac{a}{a_{th}}\right)^{m-1}\exp\left(-\left(\frac{a}{a_{th}}\right)^m\right)\beta^2 a^5 \mathrm{d}a \qquad (5.56)$$

当 $m=1$ 时，式（5.56）简化为

$$(D_t)_n = 360K_{th}\beta^2 a_{th}^6\left(\frac{\sigma_t}{\sigma_{th}}-1\right) \qquad (5.57)$$

由于 a_{th} 量级很小，为 10^{-3}m，只将冻土原有微裂纹长大部分导致的损伤纳入计算，忽略微裂纹成核部分导致的损伤。

Curran 等[98]的研究得出，在高应变率动态冲击下，微裂纹的扩展会被其尖端的塑性流动抑制，即

$$\frac{\dot{a}}{a} = \frac{\sigma_t - \sigma_{th}}{4\eta} \qquad (5.58)$$

式中，η 为具有黏性量纲的常数（MPa/s），与材料的性质有关。

将式（5.58）代入 $(D_t)_g$ 可得到由于微裂纹长大引起的损伤为

$$(D_t)_g = \int_0^\infty 3n\beta a^3 \frac{\dot{a}}{a}\mathrm{d}v_1 = \frac{3(\sigma_t - \sigma_{th})}{4\eta}D_t \qquad (5.59)$$

再将式（5.59）代入式（5.52），得

$$\dot{D}_t = \frac{3(\sigma_t - \sigma_{th})}{4\eta}D_t \qquad (5.60)$$

对式（5.60）积分就可以得到微裂纹产生的损伤，为

$$D_t = D_{t0}\exp\left(\frac{3(\sigma_t - \sigma_{th})}{4\eta}(t-t_0)\right) \qquad (5.61)$$

式中，D_{t0} 为冻土材料初始损伤值；t_0 为裂纹扩展的初始时间（s）。

如上所述，冻土内部含有数量庞大的微孔洞，并且这些微孔洞是随机分布的，在高应变率冲击加载下，这些微孔洞坍塌压实，冻土变得密实，并且体积模量也变大，所以出现了负损伤 D_c。根据已有的研究[91]得到，在假定微孔洞均匀分布的前提下，以微孔洞所占的体积百分比 f^* 来度量 D_c，即

$$D_c = f^* \qquad (5.62)$$

Gărăjeu 等[99]认为一般材料微孔洞的演化是由体积应变控制的，并采用质量守恒定律，推导了相应的演化方程，即

$$\dot{f}^* = (1-f^*)\dot{\varepsilon}_{kk} \qquad (5.63)$$

式中，$\dot{\varepsilon}_{kk}$ 为冻土材料的体应变率。

利用式（5.63）所示的演化方程，可得到微孔洞体积百分比 f^* 的表示形式，即

$$f^* = 1 - (1 - f_0^*)\mathrm{e}^{-\varepsilon_{kk}} \tag{5.64}$$

式中，f_0^* 为初始微孔洞体积百分比，对于一般土体为 0.4～0.6，冻土由于胶结冰的存在，取为 0.2；ε_{kk} 为冻土材料的体应变。由于本章假设弹性和塑性完全耦合，难以区分，也就难以精确得到体应变，为了简化计算，假定体应变与应变存在线性指数关系，那么

$$\varepsilon_{kk} = \mathrm{e}^{-\left(\frac{\varepsilon}{k_2}\right)k_3} \tag{5.65}$$

式中，k_2、k_3 为与损伤演化有关的材料参数。

5.2.3 本构模型的验证

由图 4.5 的试验结果可以看出，冻土强度在高应变率冲击加载下随着冻结温度的降低而增大，具有明显的温度效应，而温度变化对冻土强度的影响主要表现在含冰量的变化上。冻土作为多种物质复合而成的材料，其力学性能往往随着内部成分含量的不同而发生显著的变化。文献[84]从复合材料细观力学的混合律理论出发，得到冻土等效弹性常数与其组分相应的弹性常数之间的关系（即等效夹杂算法），计算得到冻土的弹性模量[83]，为

$$E = \frac{[C_s E_s(1 - 2v_i) + C_i E_i(1 - 2v_s)][C_s E_s(1 + v_i) + C_i E_i(1 + v_s)]}{C_s E_s(1 + v_i)(1 - 2v_i) + C_i E_i(1 + v_s)(1 - 2v_s)} \tag{5.66}$$

式中，C_s 和 C_i 分别为土和冰的体积分数，且满足 $C_s + C_i = 1$；E_s 为土的弹性模量（MPa），取为 50MPa；E_i 为冰的弹性模量（MPa），取为 10GPa；v_s、v_i 分别为土和冰的泊松比，均取为 0.3。

自然级配冻土在 $-5℃$、$-15℃$、$-25℃$ 的冰体积分数可以由表 5.1 得到，分别为 0.089%、0.112%、0.134%，代入式（5.66）可以得到不同温度下冻土的弹性模量，如表 5.2 所示。

表 5.2 冻土动态冲击本构模型参数

温度/℃	冻土弹性模量/MPa
-5	936
-15	1164
-25	1383

自然级配冻土试样在冻结温度为 $-15℃$ 时进行 $700\mathrm{s}^{-1}$、$900\mathrm{s}^{-1}$、$1200\mathrm{s}^{-1}$ 不同应变率的动态冲击加载试验，结果如图 5.5（a）所示；在冻结温度分别为 $-5℃$、$-15℃$、$-25℃$ 时进行 $700\mathrm{s}^{-1}$ 相同应变率的动态冲击加载试验，结果如图 5.5（b）所示。

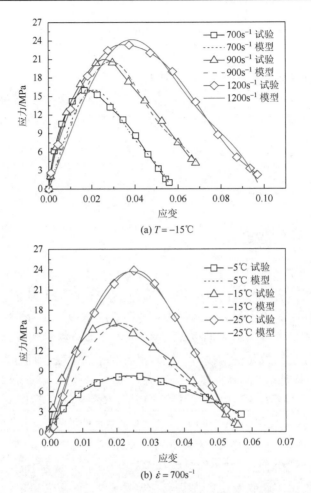

(a) $T = -15℃$

(b) $\dot{\varepsilon} = 700\text{s}^{-1}$

图 5.5　自然级配冻土试样在动态冲击下模型结果和试验结果的比较

　　利用最小二乘法对本构模型相关的参数进行拟合，得到的各项参数如表 5.3 所示。值得一提的是，由于冻土是一种离散性很大的材料，所以不同冻土试样内部的初始损伤 D_{t0} 及其演化相关的材料参数 k_2、k_3 不会完全一样，而是会在一定范围内变动。

表 5.3　冻土动态冲击本构模型参数

参数	γ	m_p	a_{th}	k	η /(MPa/s)
取值	1	0.1	0.005	0.8	0.003
参数	D_{t0}	k_2	k_3	α	
取值	0.25~0.4	0.03~0.035	1.0~3.0	0.2	

通过对比可以发现，对于–15℃的恒定温度，分别在 $700s^{-1}$、$900s^{-1}$、$1200s^{-1}$ 应变率加载下冻土的动态加载试验结果，与基于塑性和损伤耦合的理论计算结果具有良好的一致性。在 $700s^{-1}$ 的恒定应变率冲击加载下，对于–5℃、–15℃、–25℃三个温度冻结的冻土，动态加载试验曲线也与本章的细观动态本构模型得到的曲线拟合得很好。总的来说，本章所构建的考虑细观损伤的动态本构模型能够很好地反映冻土的动态冲击应力-应变关系。通过理论计算曲线与冲击试验实测曲线的对比，验证了所建立动态本构模型的合理性和适用性，模型具有很好的预测能力。

5.3　本　章　小　结

本章基于冰体颗粒增强的细观模型和细观损伤方面对冻土的动态冲击本构行为进行了研究。以自然级配颗粒的冻土试样为例，对不同温度和不同应变率加载下的动态冲击试验结果和理论计算结果进行了对比，得到了以下结论：

（1）基于冰体颗粒增强的细观模型，把冻土视为冰相和土相的复合材料，通过假定土相在动态冲击加载下层层破坏，在土相的动弹性模量中引入了应变率项，最终得到了同时包含应变率项和温度项这一符合实际情况的冻土动态冲击细观本构模型。

（2）在不同工况下，通过动态细观本构模型得到的冻土理论应力-应变曲线，与通过冲击试验得到的实测应力-应变曲线拟合良好，说明本章所建立的动态细观本构模型能够反映冻土的冲击力学性能，并能很好地描述冻土的动态应力-应变关系，具有很好的工程应用价值。

（3）从细观层面来看，冻土材料内部的微裂纹和微孔洞在受到外加冲击荷载时会发生微裂纹扩展和微孔洞的坍塌，这两种行为都会引起损伤，本章给出了两种损伤的定义和演化方程，并将其耦合进基于德鲁克-普拉格（Drucker-Prager）公式（5.35）屈服准则的本构方程来描述冻土的冲击特性。

（4）在不同工况下，通过本章所构建的动态冲击细观本构模型所得到的冻土理论应力-应变曲线，与动态冲击试验得到的应力-应变曲线拟合良好，验证了本章所构建的动态细观本构模型能够描述冻土的冲击力学性能，并能很好地描述冻土的动态应力-应变关系，具有很好的工程应用价值。

第6章 不同含水率下冻土的冲击动态试验研究

本章选取−3℃、−8℃、−18℃和−28℃等四个温度，10%、15%、30%等三个初始含水率和400s^{-1}、600s^{-1}、800s^{-1}和1000s^{-1}等四个应变率作为主要变量，进行冻土 SHPB 冲击动态试验，研究不同含水率和不同应变率下冻土的动态力学行为。

经筛分之后，冻土的颗粒配比如表 6.1 所示，需要注意的是，为了在冻结过程中保持水分，在冻土的表面涂抹了凡士林等隔水材料。由于凡士林的导热系数较低，并且冻结冰箱测温系统标明的环境温度和冻土表面的接触温度有容许温差，有必要研究冻土传热的影响，在比较应力峰值时应考虑实际试验条件引起的不同。

表 6.1　冻土试样筛分表

粒径分级/目	10～20	20～40	40～80	＞80
含量/%	29.73	25.23	17.86	27.03

6.1　试验结果及其讨论

试验发现，应变率、温度、初始含水率是影响冻土动态力学性能的主要因素，一般归纳为应变率效应、温度效应和初始含水率的影响。伴随着这些效应或者影响，冻土的动强度、应变终值或曲线形状等要素会出现明显的变化。

6.1.1　冻土应变率效应

试验结果表明，在不同高应变率下土体碎裂成不同形态，冲击应变率越大，冻土试样破裂越剧烈。冲击加载后的冻土试样如图 6.1 所示。

图 6.2～图 6.6 反映了冻土冲击动态条件下的应变率效应。从图中可以看出，应力-应变曲线特征主要表现在强度和应变终值的变化上，冻土的应力峰值和应变

(a) $\dot{\varepsilon} = 400\mathrm{s}^{-1}$　　　　　　　　　　　(b) $\dot{\varepsilon} = 600\mathrm{s}^{-1}$

(c) $\dot{\varepsilon} = 800\mathrm{s}^{-1}$　　　　　　　　　　　(d) $\dot{\varepsilon} = 1000\mathrm{s}^{-1}$

图 6.1　不同应变率下的冻土碎裂形态比较

（ $W_0 = 15\%$ 、 $T_x = -18\,^{\circ}\!\mathrm{C}$ 、 $t_x = 24\mathrm{h}$ ）

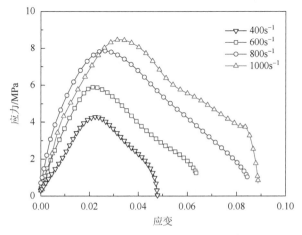

图 6.2　冻土冲击动态试验的应变率效应

（ $W_0 = 10\%$ 、 $T_x = -3\,^{\circ}\!\mathrm{C}$ 、 $t_x = 24\mathrm{h}$ ）

极值均随着应变率的增大而增大。在某一特定温度和含水率条件下，随着应变率的增大，冻土的动强度和应变终值都逐渐增大。不同曲线的动强度所在的位置近似在一条直线上，而随着应变率每增加 $\dot{\varepsilon}=200\text{s}^{-1}$，应变终值近似递增 0.02，说明应变率和动强度、应变终值之间存在一定的函数关系。事实上，这种稳定的递增关系也是应变汇聚现象的另一种体现。

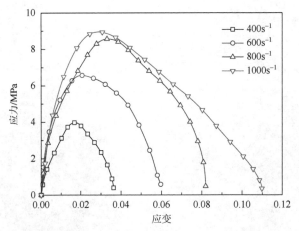

图 6.3　冻土冲击动态试验的应变率效应
（ $W_0=30\%$ 、 $T_x=-3℃$ 、 $t_x=24\text{h}$ ）

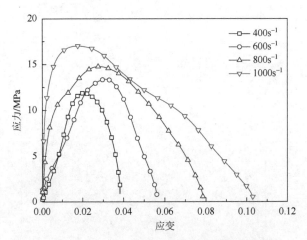

图 6.4　冻土冲击动态试验的应变率效应
（ $W_0=30\%$ 、 $T_x=-8℃$ 、 $t_x=24\text{h}$ ）

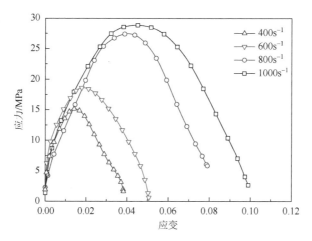

图 6.5　冻土冲击动态试验的应变率效应

（$W_0 = 15\%$、$T_x = -28℃$、$t_x = 24\text{h}$）

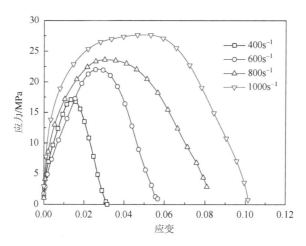

图 6.6　冻土冲击动态试验的应变率效应

（$W_0 = 30\%$、$T_x = -28℃$、$t_x = 24\text{h}$）

6.1.2　冻土温度效应

温度效应是冻土冲击动态力学性能的另外一个重要结果，如图 6.7～图 6.10 所示。观察应力-应变曲线的特征可以发现，在某一确定的应变率和初始含水率的情况下，温度对冻土的冲击动态力学性能有明显的影响。冻土的动态强度随着温度的降低而增大，温度较低的冻土强度较高。这是因为温度影响了冻土中的冻结冰含量。随着冻结温度的降低，冻土的应力峰值逐渐增加，表明冻土的强度逐渐增大。这与理论推导中随着冻结温度的降低，冻土中冰体颗粒含量逐渐增大的结论一致。事实上，冻土的纯冰点远远低于试验冻结温度，冻土中存在一定量的未冻水，所以即使选取相同初始含水率的冻土试样，在不同试验冻结温度下其力学性能也有明显的差异。同时，在试验曲线中也能观察到明显的汇聚现象，即对于相同初始含水率和应变率的冻土，无论温度如何变化，其应变终值基本相同。

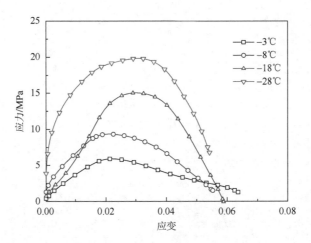

图 6.7　冻土冲击动态试验的温度效应
（ $W_0 = 10\%$ 、 $\dot{\varepsilon} = 600\text{s}^{-1}$ 、 $t_x = 24\text{h}$ ）

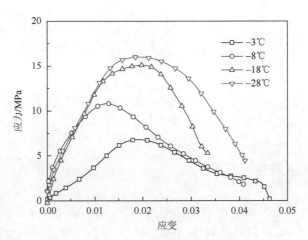

图 6.8　冻土冲击动态试验的温度效应
（ $W_0 = 15\%$ 、 $\dot{\varepsilon} = 400\text{s}^{-1}$ 、 $t_x = 24\text{h}$ ）

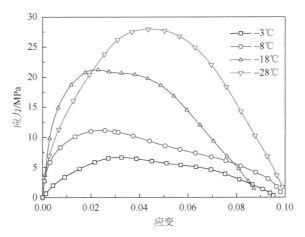

图 6.9　冻土冲击动态试验的温度效应

（ $W_0 = 15\%$ 、 $\dot{\varepsilon} = 1000\mathrm{s}^{-1}$ 、 $t_x = 24\mathrm{h}$ ）

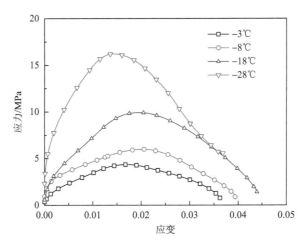

图 6.10　冻土冲击动态试验的温度效应

（ $W_0 = 30\%$ 、 $\dot{\varepsilon} = 400\mathrm{s}^{-1}$ 、 $t_x = 24\mathrm{h}$ ）

6.1.3　初始含水率的影响

初始含水率对冻土动态力学性能的影响主要体现在初始含水率与强度的相对关系。从试验结果的图 6.11～图 6.16 可以看到，在确定的应变率和温度条件下（ $\dot{\varepsilon} = 600\mathrm{s}^{-1}$ 及 $T = -8℃$ ），初始含水率 $W_0 = 15\%$ 时的冻土强度最高， $W_0 = 30\%$ 次之。而当温度降低到 $T = -28℃$ 时，初始含水率 $W_0 = 15\%$ 时的强度和 $W_0 = 30\%$ 的强度相似，且都低于 $W_0 = 10\%$ 的强度。造成这种现象的原因是，不同初始含水率

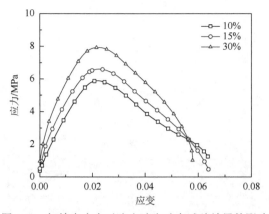

图 6.11　初始含水率对冻土冲击动态试验结果的影响
（ $T_x = -3℃$ 、 $\dot{\varepsilon} = 600\mathrm{s}^{-1}$ 、 $t_x = 24\mathrm{h}$ ）

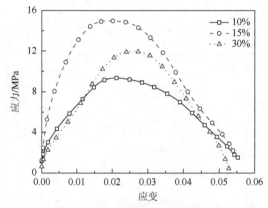

图 6.12　初始含水率对冻土冲击动态试验结果的影响
（ $T_x = -8℃$ 、 $\dot{\varepsilon} = 600\mathrm{s}^{-1}$ 、 $t_x = 24\mathrm{h}$ ）

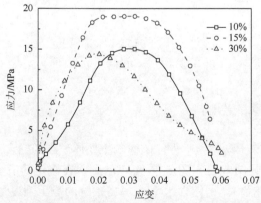

图 6.13　初始含水率对冻土冲击动态试验结果的影响
（ $T_x = -18℃$ 、 $\dot{\varepsilon} = 600\mathrm{s}^{-1}$ 、 $t_x = 24\mathrm{h}$ ）

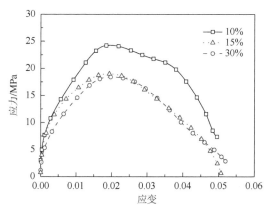

图 6.14　初始含水率对冻土冲击动态试验结果的影响
（ $T_x = -28℃$ 、 $\dot{\varepsilon} = 600\text{s}^{-1}$ 、 $t_x = 24\text{h}$ ）

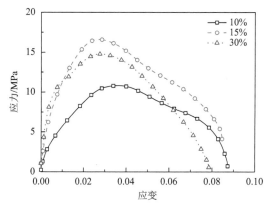

图 6.15　初始含水率对冻土冲击动态试验结果的影响
（ $T_x = -8℃$ 、 $\dot{\varepsilon} = 1000\text{s}^{-1}$ 、 $t_x = 24\text{h}$ ）

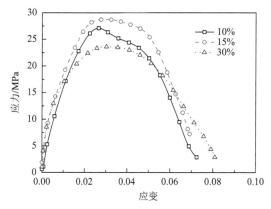

图 6.16　初始含水率对冻土冲击动态试验结果的影响
（ $T_x = -28℃$ 、 $\dot{\varepsilon} = 800\text{s}^{-1}$ 、 $t_x = 24\text{h}$ ）

的冻土换算为体积含冰量后，分别属于少冰冻土、富冰冻土、饱冰冻土等不同类型。富冰冻土及饱冰冻土的冻胀现象更为明显，冻土中的水分在结冰过程中产生较强的挤压作用，破坏了冻土-孔隙冰的稳定骨架结构，造成了冻土强度的下降。

因此，在温度 $T = -8℃$ 时，初始含水率 $W_0 = 30\%$ 的冻土强度低于 $W_0 = 15\%$ 的强度，说明此时冻胀和挤压作用已经对冻土的稳定结构产生了破坏。而当温度降低到 $T = -28℃$ 时，初始含水率 $W_0 = 15\%$ 的冻土和 $W_0 = 30\%$ 的冻土均已达到相近的极限破坏状态，冻土-孔隙冰的结构不能发挥有效强度，所以两者的强度低于初始含水率 $W_0 = 10\%$ 的强度。而对比不同应变率、相同温度时的结果可以发现，应变率对冻土强度的相对关系也有影响，这是因为不同土体颗粒-冰体颗粒结构对冲击荷载的响应不同。

6.1.4　冻结特征的影响

同时，试验分析了冻结方向和冲击方向对冻土冲击动态力学性能的影响，如图 6.17 所示。从图 6.17 中可以看出，双面冻结试样受到冲击荷载作用的应力峰值最高，单面冻结且冷端冻结面受到冲击荷载作用的应力峰值次之，单面冻结且暖端绝缘面受到冲击荷载作用的应力峰值最小。

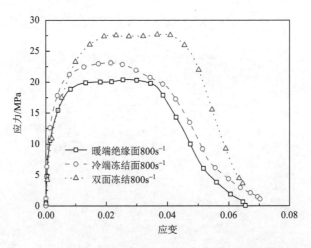

图 6.17　冻结方向和冲击方向对冻土冲击力学性能的影响
（ $W_0 = 15\%$ 、 $T_x = -28℃$ 、 $\dot{\varepsilon} = 800\mathrm{s}^{-1}$ 、 $t_x = 24\mathrm{h}$ ）

6.2 冻土冲击动态应力-应变曲线中的应变汇聚现象分析

6.2.1 冻土冲击动态试验中的应变汇聚现象

冻土应变汇聚现象在诸多研究中均有提及，陈柏生等、马芹永等、刘志强等的相关研究均给出了试验中所测到的应变汇聚现象实例，如图 6.18～图 6.20 所示。可以看到，尽管由于试验温度、试验仪器管径、土体样品性质等条件不同带来了应力-应变曲线形状的差异，但应变终值趋于一致，表现出明显的应变汇聚现象。本节重点讨论应变汇聚现象产生的机理及其对冻土动态力学性能研究的重要意义。

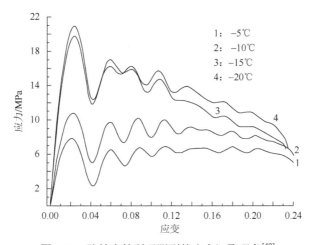

图 6.18 陈柏生等所观测到的应变汇聚现象[49]

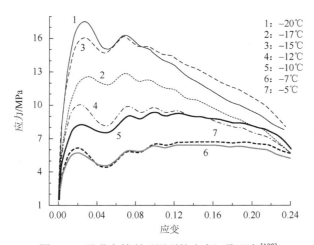

图 6.19 马芹永等所观测到的应变汇聚现象[100]

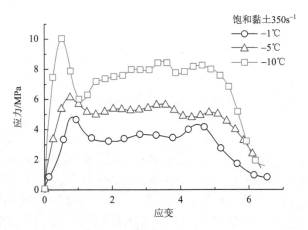

图 6.20　刘志强等所观测到的应变汇聚现象[101]

6.2.2　温度、初始含水率和应变率对应变汇聚现象的影响

在冻土力学性能的研究中，温度、初始含水率和应变率是十分重要的参数。试验结果表明，当具有某一确定的加载应变率时，尽管温度和初始含水率不同，冻土冲击动态应力-应变曲线会表现出明显的汇聚效应，如图 6.18～图 6.20 所示。从 6.1 节的应力-应变图中可以发现，若冲击试验的应变率不同，则必然不会出现应变汇聚现象，所以应变率的一致性是应变汇聚现象产生的首要条件。对于确定的应变率，无论初始含水率条件如何改变，所有应力-应变曲线的应变终值是趋于一致的。事实上，对于其他应变率时的冻土冲击试验，这一结论仍然成立，说明应变汇聚是否发生与初始含水率无关。分析认为，初始含水率决定了冻土的流塑性-脆性性质，决定了初始冰体颗粒的量，同时影响了动态应力值的变化，但和应变终值没有直接关联。从图 6.18～图 6.20 中也可以看出，与初始含水率类似的是，试验冻结温度对是否发生应变汇聚现象没有影响。由理论分析可知，温度的作用体现在两个方面：一方面是试验冻结温度决定了冻土的质量分数有效含冰量；另一方面是瞬态绝热过程中瞬态温升对冰体颗粒的弱化作用。即温度条件决定了相应过程中冰体颗粒的强度能否充分表达，从而影响了冻土的强度，而对于汇聚现象并没有直接影响。同时，由于本章研究与其他文献采用了不同土质，容重等土体基本材料参数对应变汇聚现象没有影响。

综上所述，应变汇聚现象是冻土 SHPB 试验的典型特征，产生该现象的必要条件是具有一致的加载应变率，与初始含水率、试验冻结温度、土体基本材料的参数等条件无关。需要指出的是，冻土特有的温度敏感性导致了温度损伤的产生。温度损伤结合裂纹损伤产生了区别于其他材料的损伤形式，在应力-应变曲线上表现为可重复性高、稳定平滑的应力下降段。如果没有温度损伤和裂纹损伤的结合而只有裂纹损伤的单一作用，那么冻土的冲击动态应力-应变曲线很可能和其他混合颗粒骨架材料的冲击动态应力-应变曲线一样，表现出较大的离散性，也就无从观察得到明显的应变汇聚现象。

6.2.3　试验设备性能对应变汇聚现象的影响

SHPB 系统符合一维应力波假定和应力均匀假定，相关研究表明[102, 103]，在撞击杆和入射杆接触时，有

$$\sigma_g = \sigma_i = \rho_g c_g \frac{\rho_i c_i v_0}{\rho_g c_g + \rho_i c_i} \tag{6.1}$$

式中，σ_g、σ_i 分别为撞击杆和入射杆的应力（MPa）；ρ_g、ρ_i 分别为撞击杆和入射杆的密度（kg/m³）；c_g、c_i 分别为撞击杆和入射杆的弹性波波速（m/s）；v_0 为撞击杆初速度（m/s）。

根据应力波理论，应力波传播 $2L$ 的时间即入射杆中应力波的加载时间。采用应力均匀假定，对试件界面做类似分析可以得到

$$\sigma = \frac{A_i}{A_s} \frac{[\sigma_i(t) + \sigma_r(t) + \sigma_t(t)]}{2} \tag{6.2}$$

式中，σ 为平均应力（MPa）；下标 i、r、t 分别代表入射波、反射波和透射波；A_i 为杆件的截面面积（m²）；A_s 为试件的截面面积（m²）。

依据位移连续性，可以得到

$$\dot{\varepsilon} = \frac{E_i}{\rho c_i L_s}[\varepsilon_i(t) - \varepsilon_r(t) - \varepsilon_t(t)] \tag{6.3}$$

式中，L_s 为试件长度（m）。

式（6.3）即 SHPB 试验中应变率的基本计算公式。在试验中需要测定入射信号、反射信号和透射信号的应变值。

基于二波法原理，应变 ε_f 终值应为

$$\varepsilon_f = -2\frac{C_0}{L_s}\int_0^T \varepsilon_r(t)\mathrm{d}t \tag{6.4}$$

式中，ε_f 为应变终值。

根据应力波传播的基本原理，加载时间为[92, 93]

$$T_c = \frac{2L_g}{c_g} \tag{6.5}$$

式中，L_g 为撞击杆的长度（m）；c_g 为撞击杆的波速（m/s）。

此处所指的应变率是平均应变率，即

$$\dot{\varepsilon}(t) = -2\frac{C_0}{L_s n}\sum_{i=1}^{n}\varepsilon_r(t_i) \tag{6.6}$$

同时，有

$$\dot{\varepsilon}(t) = -2\frac{C_0}{L_s}\varepsilon_r(t) \tag{6.7}$$

将式（6.7）代入式（6.4）得到

$$\frac{\varepsilon_f}{\dot{\varepsilon}} = -\frac{\int_0^{T_c}\varepsilon_r(t)\mathrm{d}t}{\varepsilon_r(t)} = n\Delta t \tag{6.8}$$

即

$$\varepsilon_f = n\Delta t\dot{\varepsilon} = T_c\dot{\varepsilon} = kL_g\frac{\dot{\varepsilon}}{C_g} \tag{6.9}$$

式中，k 为常数。

本章撞击杆为 35CrMnSi 钢，其密度为 $\rho_g = 8000\mathrm{kg/m^3}$，弹性模量为 $E_g = 195\mathrm{GPa}$，波速 $C_g = \sqrt{E_g / \rho_g} = 4937\mathrm{m/s}$，$L_g = 0.2\mathrm{m/s}$，可得应变终值 $\varepsilon_f = 8.1\times10^{-5}\dot{\varepsilon}$。可以看到，加载时间与撞击杆长度有关，与试件类型无关。应变率由冻土性能和冲击速度决定，反映了冻土的冲击力学性质。在 SHPB 试验中计算的应变是平均应变，所以对于特定的应变率其最终应变终值必然相等。

6.3　本 章 小 结

本章验证了冻土 SHPB 试验中的应变率效应、温度效应和初始含水率的影响等典型现象和应变汇聚现象等特殊性质，这些现象和性质反映了冻土在冲击动态荷载作用下的力学性能变化规律。

（1）冻土 SHPB 试验中的应变汇聚现象研究认为应变汇聚现象是冻土 SHPB 试验的典型特征，同时对应变汇聚现象的描述为在确定的应变率和初始含水率条件下，不同温度的冻土试样在 SHPB 试验中所得到的应力-应变曲线的应变终值表现出趋于一致的特性；通过系统的试验验证和理论分析，探讨了温度条件、初始含水率、应变率等参数对应力-应变曲线特征和汇聚现象的影响，证明了应变汇聚现象的必然性；也分析了裂纹损伤类型对应力-应变曲线和应变汇聚现象的影响，以及试验仪器和试验条件对应变汇聚现象的影响。

（2）冻土特殊的力学性质，包括温度损伤和裂纹损伤相结合的损伤形式影响冻土的应力-应变曲线特征，导致了应变汇聚现象的出现，这也是在金属等材料的SHPB 试验中并未观测到应变汇聚现象的主要原因。同时，试验仪器条件也是应变汇聚现象不容忽略的一个影响因素，试验条件所决定的加载时间将决定应变汇聚现象中汇聚点的位置。所以 SHPB 试验中的冻土应力-应变曲线反映了冻土的冲击动态力学性能，而应变汇聚现象是力学性能的特殊表现，对研究冻土冲击动态力学性能具有重要意义。

第7章　均匀冻土的冲击动态本构模型

均匀冻土是指任一单位体积的冻土微元体中，冰体颗粒、土体颗粒和水分的比例含量一致，冻土符合各向同性的结构特征，冻土的弹性模量等参数不会随着冻结深度等因素改变。均匀冻土是最简单的冻土结构假设，也是既有研究分析冻土复杂力学性能过程中一种常用的假设条件。均匀冻土根据冻结程度的不同及未冻水含量是否为零，可以分为充分冻结均匀冻土和未充分冻结均匀冻土两种情况。

7.1　充分冻结均匀冻土中冻结温度与初始含水率的关系

充分冻结是指长时、低温冻结过程中冻土中的水分均已转化为冰体颗粒。使初始含水率 W_x 的冻土恰好充分冻结的温度 T_x 是当前初始含水率的充分冻结特征温度。本章推导充分冻结特征温度及有效含冰量的变化情况，这一结果对分析冻土有效弹性模量的变化规律具有重要意义，也对构建等效夹杂理论框架下的本构关系具有重要意义。

等效夹杂理论的核心内容有两点，第一点是通过假想的相变过程，将复杂的夹杂问题转化为本征应变问题。本征应变问题容易计算得到弹性力学解，从而通过平衡方程可以解出夹杂问题的复杂结果[104]。第二点是通过等效夹杂理论及弹性理论中的变形协调条件，可以解出两种材料的复合模量变化规律，从而建立冻土的强度关系。在这一过程中，有效含冰量是最重要的参数，冰体颗粒既是本征应变的来源，又是等效夹杂理论中冻土强度的重要组成部分，所以有效含冰量的变化规律是本章的重点研究问题。

现有的研究对冻土的细观模型有多种假设。有研究结果[105]认为可以将冻土视为具有与混凝土相似的材料结构，如图 7.1（a）所示，结构骨架是球体状态的土体或混凝土材料，中间为冰水混合物或砂浆填料的填充材料，这一模型的优点是只需要在混凝土模型的基础上考虑温度变化的影响，就可以引进混凝土的相关理论描述冻土的冲击动态力学性能；缺点是土体/冰水混合物与混凝土/砂浆填料的强度比不一致，所以在描述裂纹生成、扩展等破坏机理时有较大的困难。也有研究结果[77]考虑等效夹杂理论中的一般方法，如图 7.1（b）所示。

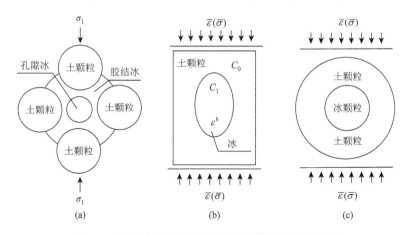

图 7.1　运用等效夹杂理论的冻土冻结过程模型示例

　　本章中的研究综合考虑图 7.1（a）中对冻土中土体颗粒和冰体颗粒关系的描述，在图 7.1（b）方法的基础上结合冻土微观球体颗粒的特征，以图 7.1（c）所示的简化模型描述初始含水率对冻土模型的影响，在等效夹杂理论框架下推导冻土充分冻结过程中的能量变化。

　　冻土的冻结过程是可逆的，在冻土冻结的过程中，水分向冰体颗粒的转化会引起一定的体积膨胀，相当于在夹杂物质中产生了微小的本征应变。虽然研究表明温度差异剧烈的反复冻融会在冻土中产生结构性的破坏和强度的降低，但是微小温度变量不会带来明显的强度破坏，所以不影响等效夹杂理论能量变化关系的适用性。根据等效夹杂能量理论有弹性能 W_e 为[106]

$$W_e = \frac{1}{2}\int_v \bar{\sigma}_{ij}\bar{\varepsilon}_{ij}\mathrm{d}V + \frac{1}{2}\int_w \bar{\sigma}_{ij}(\varepsilon_{ij}^* - \varepsilon_{ij}^h)\mathrm{d}V - \frac{1}{2}\int_w \sigma_{ij}\varepsilon_{ij}^h\mathrm{d}V \tag{7.1}$$

式中，V 为单元的体积；w 为夹杂区域；$\bar{\sigma}_{ij}$ 为边界应力；$\bar{\varepsilon}_{ij}$ 为边界应变；ε_{ij}^h 为本征应变；ε_{ij}^* 为等效应变；σ_{ij} 为在夹杂区域中的有效应力。

　　同时，考虑冻土充分冻结过程中的能量变化和相变潜热等物理参数的影响，认为对于特定初始含水率的冻土，其充分冻结的特征温度 T_f 符合能量方程，为

$$W_e' = LV_i\rho_i + T_f V_i \rho_i c_i + T_f (V_0 - V_i)\rho_s c_s \tag{7.2}$$

式中，V_i 为冰体颗粒的体积（m³）；V_0 为无穷小代表单元的体积（m³）；ρ_i 为冰体颗粒的体积密度（kg/m³）；ρ_s 为土体颗粒的体积密度（kg/m³）；T_f 为相应冻土单元的充分冻结特征温度（K）；c_i 为冰的比热容（J/(kg·K)）；c_s 为土的比热容（J/(kg·K)）。

　　不考虑能量散失和孔隙塌缩等条件的影响，可以近似认为式（7.1）和式（7.2）的应变能是相等的，结合式（7.1）和式（7.2）可得

$$LV_i\rho_i + T_fV_i\rho_ic_i + T_f(V_0-V_i)\rho_sc_s = \frac{1}{2}\int_v \bar{\sigma}_{ij}\bar{\varepsilon}_{ij}\mathrm{d}V + \frac{1}{2}\int_w \bar{\sigma}_{ij}(\varepsilon_{ij}^* - \varepsilon_{ij}^h)\mathrm{d}V - \frac{1}{2}\int_w \sigma_{ij}\varepsilon_{ij}^h\mathrm{d}V$$
$$(7.3)$$

根据温度膨胀下本征应变的作用原理，夹杂体自膨胀在球形夹杂内部产生静水压力，微元体没有外力作用[106]，为

$$\langle\sigma_{ii}\rangle_w = \frac{(9K_sK_i-1)3K_sK_i}{9K_sK_i(K_i-K_s)+K_s}\varepsilon^h \tag{7.4}$$

式中，K_s 为土的体积模量（MPa）；K_i 为冰的体积模量（MPa），两者可以通过物理试验计算；ε^h 为自平衡热应力对应的本征应变。

因此式（7.5）给出充分冻结特征温度的变化规律：

$$T_f = \left[-\frac{1}{2}\times\frac{(9K_sK_i-1)3K_sK_i}{9K_sK_i(K_i-K_s)+K_s}\times\frac{1}{27^2}\times10^6 - L\rho_i\right]\left(\rho_ic_i + \frac{\rho_i}{\rho_sW_0}\rho_sc_s\right)^{-1} \tag{7.5}$$

式中，W_0 为初始含水率，且 $W_0 = \dfrac{V_i\rho_i}{(V_0-V_i)\rho_s}$。

在式（7.5）中代入土的体积模量等物理常量，可以得出式中充分冻结特征温度 T_f 与对应初始含水率 W_0 的关系曲线如图 7.2 所示。如果假设冻结规律不受其他因素的影响，那么式（7.5）和图 7.2 也可以描述理想状态下冻结温度与有效含冰量极值的关系。

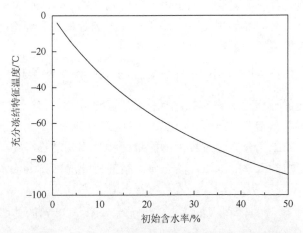

图 7.2　充分冻结特征温度和初始含水率的关系

从图 7.2 中可以看出，随着初始含水率的增加，充分冻结特征温度 $T_f = F(W_0)$ 逐渐降低。同时，充分冻结特征温度的增率逐渐放缓，这是因为从少冰冻土、富冰冻土、饱冰冻土到土冰层的逐步改变过程中，土体颗粒和冰体颗粒的比例发生改变，导致冻土的整体结构发生了根本性改变。

7.2　理想状态下的未冻水含量

未冻水含量的变化是冻土冲击动态力学性能研究中的一个重要研究方向。既有的研究结果是运用核磁共振等试验手段分析未冻水含量的变化情况，总结出了一定的规律[107, 108]。在不考虑未冻水含量的影响时，有效含冰量只与冻结温度有关，这是一种理想状态。根据式（7.5）的结果可以计算出任意冻结温度 T_x 所对应的初始含水率 W_x。在理想状态下，W_x 也是冻结温度 T_x 时的最大有效含冰量。因而对于任何初始含水率 $W_y \geqslant W_x$ 的冻土，在冻结温度 T_f 时的有效含冰量为 W_x，未冻水含量为 $W_u = W_y - W_x$。将 $W_u = W_y - W_x$ 代入式（7.5）并且假设初始含水率 $W_y = 15\%$、$W_y = 20\%$、$W_y = 30\%$ 三种情况，可以解出理想状态下这三种情况冻土中未冻水含量与冻结温度的关系曲线，如图 7.3 所示。三种取值的初始含水率 W_y 分别代表不同的冻土类型。特别指出的是，由于未冻水的存在，在冻结温度 T_x 时相应的冻土已经达到了最大冻结程度，但是不能称为充分冻结。

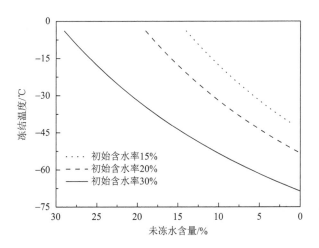

图 7.3　理想状态下不同初始含水率的冻土在充分冻结温度时未冻水含量的变化规律

从图 7.3 中可以看出，不同初始含水率冻土的未冻水含量变化曲线具有较大的差异，而非理想状态下未冻水会形成不同大小的孔隙水压力并且反向作用影响有效含冰量，所以初始含水率是冻土冲击动态力学性能中应该考虑的一个重要参数。

7.3　未充分冻结均匀冻土的本构模型

根据充分冻结特征温度的概念，对于冻结温度 T_x 等于及低于充分冻结特征温

度 T_f 的理想情况，可以将冻土的强度考虑为冰体颗粒强度和土体颗粒强度的简单组合。事实上，这种理想情况对于自然环境中的冻土难以适用。从图 7.2 和图 7.3 中可以看出，要达到充分冻结状态需要极低的温度，自然环境难以具有使冻土充分冻结的条件，这也是一般试验条件所难以达到的。在此基础上，就需要考虑未充分冻结冻土中部分未冻水带来的影响。对于未冻水的作用机理存在多种解释，从微观的角度来说，土体颗粒对水分的吸附作用大于对气体和冰体颗粒的吸附作用[109]，未冻水优先占据土体颗粒的表面能，所以未冻水含量是一个不可忽略的因素。从宏观现象上分析，冻土在冲击荷载作用下存在压融效应，未充分冻结的冻土试样与充分冻结的冻土试样相比较，未充分冻结的冻土试样中存在的富余水分形成孔隙水压力，根据已有的研究[110]，等效压力会导致充分冻结温度的降低，因此未冻水能够影响冻土中有效含冰量的值。

对于初始含水率为 W_{0x} 的冻土，如果恰好在冻结温度 T_x 时达到了充分冻结，且总质量为 M_0，则其冻结前后的体积 $V_{x(w,i)}$ 为

$$V_{x(w,i)} = \frac{M_{S1}}{\rho_s} + \frac{M_{S1}W_{0x}}{\rho_{(w,i)}} \tag{7.6}$$

式中，M_{S1} 为土体颗粒的质量（kg）；$\rho_{(w,i)}$ 为冻结前水的密度或冻结后冰的密度（kg/m³）。

对于具有总质量 M_0' 和初始含水率 W_0 的冻土，若 $W_0 > W_{0x}$，则在冻结温度 T_x 时，由式（7.5）算出的有效含冰量极值为 W_{0x}，则未冻水含量为 $W_{ux} = W_0 - W_{0x}$，设有 W_{ix} 的冰在孔隙水压力的作用下融化，则其冻结前的体积 $V_{x(w)}'$ 为

$$V_{x(w)}' = \frac{M_{S2}}{\rho_s} + \frac{M_{S2}W_0}{\rho_w} \tag{7.7}$$

式中，W_0 为待解有效含冰量试样的初始含水率。

冻结后的体积 $V_{x(i)}'$ 为

$$V_{x(i)}' = \frac{M_{S2}}{\rho_s} + \frac{M_{S2}(W_{0x} - W_{ix})}{\rho_i} + \frac{M_{S2}(W_{ux} + W_{ix})}{\rho_w} \tag{7.8}$$

式中，M_{S2} 为未充分冻结冻土试样中土体颗粒的质量；W_{ux} 为代入理想状态冻结冰含量后的未冻水含量。

本章认为未冻水含量的存在等效于改变了土体颗粒-冰体颗粒-水分的结构比例。本章假设单位质量土体颗粒在指定温度下所能结合的冰体颗粒质量是一致的。在密度恒定的条件下，初始含水率的上升意味着土体颗粒质量的下降，土体颗粒所能稳定结合的冰体颗粒质量也相应地下降。本章取两组分别为充分冻结状态和未充分冻结状态的冻土，两组冻土在密度控制条件下具有 $M_0 = M_0'$ 及 $V_{xw} = V_{xw}'$ 的关系，考虑未冻水含量影响下的有效含冰量 W_i 的方程为

$$W_i = W_{0x} - W_{ix} \leqslant \frac{M_{S2}}{M_{S1}} W_{0x} \qquad (7.9)$$

式中，$W_i = \dfrac{m_i}{m_s}$ 为未充分冻结均匀冻土的有效含冰量，m_i 为冰的质量（kg），m_s 为土的质量（kg）；W_{0x} 为特定温度下的充分冻结冰含量；W_{ix} 为未发挥有效作用的压融冰含量。

本章假设三种取值的初始含水率条件为 $W_y = 15\%$、$W_y = 20\%$、$W_y = 30\%$，W_y 的不同取值仍然是为了代表不同的冻土类型。本章取极值条件 $W_i = \dfrac{M_{S2}}{M_{S1}} W_{0x}$，在对应的初始含水率条件下以密度恒定为条件解出式（7.9）中实际有效含冰量 W_i 与理想状态有效含冰量 W_{0x} 的关系，然后根据式（7.5）的结果计算冻结温度 T_f 与理想状态有效含冰量 W_{0x} 的关系，进而代换掉参数理想状态有效含冰量 W_{0x}，总结出实际有效含冰量 W_i 与冻结温度 T_f 的关系。即将式（7.9）代入式（7.5）中，可以得到有效含冰量 W_i 与冻结温度 T_f 的关系曲线如图 7.4 所示。

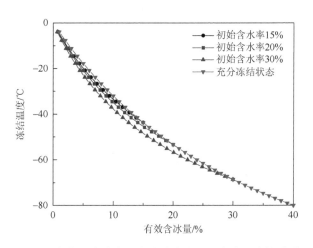

图 7.4　未充分冻结冻土中有效含冰量和冻结温度的关系

从图 7.4 中可以看出，考虑未冻水含量影响后，不同初始含水率条件下有效含冰量的值均有不同程度的降低，其中初始含水率较高的冻土，其降低速率较快，说明当未冻水含量较高时，对有效含冰量的影响愈加显著。值得注意的是，在相同温度下较高初始含水率对应较低的有效含冰量，但是当温度进一步降低至低于较低初始含水率冻土试样的充分冻结特征温度以后，较高初始含水率的冻土的动态强度仍然能够增加而较低初始含水率的冻土不再有变化。

本章通过考虑充分冻结和未充分冻结两组冻土冻胀体应变的影响，验证这种等效方法的合理性。通过式（7.6）～式（7.8）可以解得两组试样的体应变分别为

$$\theta_1 = \dfrac{\dfrac{M_{S1}W_0}{\rho_i} - \dfrac{M_{S1}W_0}{\rho_w}}{\dfrac{M_{S1}}{\rho_s} + \dfrac{M_{S1}W_0}{\rho_w}} \tag{7.10}$$

及

$$\theta_2 = \dfrac{\dfrac{M_{S2}(W_{0x} - W_{ix})}{\rho_i} + \dfrac{M_{S2}(W_{ux} + W_{ix})}{\rho_w} - \dfrac{M_{S2}W_0}{\rho_w}}{\dfrac{M_{S2}}{\rho_s} + \dfrac{M_{S2}W_0}{\rho_w}} \tag{7.11}$$

将不同的初始含水率 $W_0 = 15\%$、$W_0 = 20\%$、$W_0 = 30\%$ 代入式（7.10）和式（7.11），不考虑孔隙坍塌的影响，以水分转化为冰体颗粒时的体积膨胀计算冻胀体积，以有效含冰量 W_i 所对应的体积变化计算冻胀体应变 θ。同时，本章考虑图 7.4 结果中有效含冰量 W_i 与冻结温度 T_f 的变化关系，仍然通过参数代换的方式，将式（7.10）、式（7.11）、式（7.5）及（7.9）联立，可以得出冻胀体应变 θ 与冻结温度 T_f 的关系，依照关系绘制的曲线如图 7.5 所示。

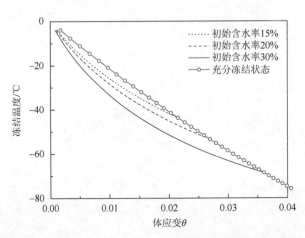

图 7.5　未冻水影响下不同初始含水率冻土的冻胀体应变对比关系

从图 7.5 中可以看出，当忽略未冻水含量的影响时，冻胀体应变与冻结温度的关系为一条直线，未能正确反映不同未冻水含量对有效含冰量的影响，考虑了未冻水含量影响的初始含水率较大的冻土试样体积变化较为剧烈，说明虽然未冻水含量影响了冰体颗粒的含量，但是增加的初始含水率一定程度上抵消了这种作用。

在图 7.5 结果的基础上，将式（7.10）代入式（7.11）并代入不同的初始含水

率条件 $W_0 = 15\%$、$W_0 = 20\%$、$W_0 = 30\%$，以与图 7.5 中结果相同的计算思路，可以解出冻胀体应变比 $\theta_i = \dfrac{\theta_1}{\theta_2}$ 随冻结温度 T_f 的变化规律，如图 7.6 所示。

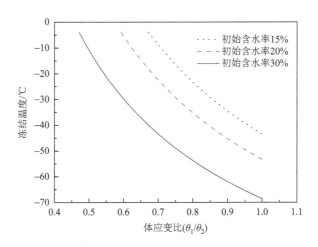

图 7.6 不同初始含水率条件下冻胀体应变比和冻结温度的关系

从图 7.6 中可以看出，不同初始含水率冻土试样的冻胀体应变比变化规律一致，试样的体积变化均匀，体积控制等效方法所得出的结果完整描述了未冻水含量影响下有效含冰量的变化规律。

7.4 冲击动态荷载作用下温度损伤的影响

7.4.1 冲击动态力学理论框架下的温度损伤关系

冲击动态荷载会在冻土结构中产生剧烈的瞬态温升，瞬态温升破坏了冻土中土体颗粒和冰体颗粒的有效连接，弱化了土体颗粒-冰体颗粒结构的强度，在宏观现象上等效为降低了有效含冰量的数值。瞬态温升的负效应被认为是冲击动态荷载在冻土结构中产生的温度损伤，温度损伤是冻土冲击动态损伤的重要组成部分。利用冲击绝热线 P_H 和 Gruneisen 方程计算瞬态温升随应变及应变率的变化关系，将计算结果化简为契合冻土冲击动态性能的形式。本章通过分析温度损伤和冻土冲击动态性能的内在联系，发现温度损伤参与构建冻土动态强度理论的方式。此外，通过等效模量方法分别计算瞬态作用破坏区和基体区的弹性模量并加以组合，介绍瞬态温升所致的温度损伤对冻土冲击动态力学性质的影响。

根据冲击波基本理论，Hugoniot 关系式为[103, 111]

$$e - e_0 = \frac{1}{2}(p + p_0)(V_0 - V) \tag{7.12}$$

式中，p_0 为冲击波前方的压强（MPa）；e_0 为冲击波前方的能量（J）；V_0 为冲击波前方的体积（m³）；p 为冲击波后方的压强（MPa）；e 为冲击波后方的能量（J）；V 为冲击波后方的体积（m³）。一般来说，$e_0 = p_0 = 0$ 表明冲击波前介质处于非加载正常状态，若假设冲击波速度与波后质点速度的关系是一次线性的，则有

$$v_0 = c_0 + \lambda v \tag{7.13}$$

式中，v_0 为冲击波速度（m/s）；c_0 为介质的声速（m/s）；λ 为冲击波常数；v 为波后质点速度（m/s）；λ 由爆轰试验等方法测定。

考虑状态方程[103]：

$$p = c_0^2(\rho - \rho_0) + (\gamma - 1)\rho \tag{7.14}$$

即可得到 Hugoniot 曲线

$$p = \frac{2\rho_0 c_0^2(\rho - \rho_0)}{(\gamma + 1)\rho_0 - (\gamma - 1)\rho} \tag{7.15}$$

式中，ρ_0 为冲击波前的质点密度（kg/m³）；ρ 为冲击波后的质点密度（kg/m³）。

$$\gamma = 4\lambda - 2\left(1 - \frac{\rho_0}{\rho}\right)\lambda^2 - 1 \tag{7.16}$$

显见当 λ 已知时，$4\lambda - 2\left(1 - \frac{\rho_0}{\rho_z}\right)\lambda^2 - 1 \leqslant \gamma = 4\lambda - 2\left(1 - \frac{\rho_0}{\rho}\right)\lambda^2 - 1 \leqslant 4\lambda - 1$，式中 ρ_z 为完全破碎终态密度，且 $\rho_0 \leqslant \rho_z$。

由式（7.15）可知，Hugoniot 与冻土在加载前后的密度密切相关。对于体积控制的冻土，初始密度是与初始含水率和有效含冰量相关的常数，为

$$\rho_0 = \frac{M_s + M_i + M_w}{\dfrac{M_s}{\rho_s} + \dfrac{M_i}{\rho_i} + \dfrac{M_w}{\rho_w}} \tag{7.17}$$

当冻土冰体颗粒完全失效时，完全破碎终态密度近似等于：

$$\rho_z = \frac{M_s + M_w}{\dfrac{M_s}{\rho_s} + \dfrac{M_w}{\rho_w}} \tag{7.18}$$

式（7.17）和式（7.18）中，M_s 为土体颗粒的质量（kg）；M_i 为冰体颗粒的质量（kg）；M_w 为未冻水的质量（kg）。

由式（7.17）和式（7.18）可以计算得到冻土瞬态密度和初始密度的密度比的变化规律。计算结果表明，随着温度的降低，冻土密度比的变化不大且在一定的范围之内，因此可取 $\gamma = 4\lambda - \lambda^2 - 1$。

根据热力学基本定律、推导及式（7.12），可以得到压强、比容和冲击温升之间的关系[112, 113]，为

$$\frac{1}{2}(V_0 - V)\mathrm{d}p + \frac{1}{2}p\mathrm{d}V = c_v\mathrm{d}T + \frac{\gamma}{V}c_v T\mathrm{d}V \tag{7.19}$$

式中，c_v 为比热容（J/(kg·K)）；T 为冲击温升（K）。

ρ_0 和 ρ 的关系为 $\theta = 1 - \frac{V}{V_0} = 1 - \frac{\rho_0}{\rho}$，代入式（7.19）可得

$$\frac{c_0^2}{c_v}\frac{\lambda\theta^2}{(\lambda\theta-1)^3} = (2\lambda-1)T - \frac{\mathrm{d}T}{\mathrm{d}\theta} \tag{7.20}$$

求解式（7.20）可得

$$T = T_0\mathrm{e}^{\gamma_0\theta} + \frac{c_0^2}{c_v}\mathrm{e}^{\gamma_0\theta}\int_0^\theta \frac{\lambda x^2}{(1-\lambda x)^3}\mathrm{e}^{-\gamma_0 x}\mathrm{d}x \tag{7.21}$$

对式（7.21）的积分部分取柯西不等式，为

$$\left[\int_0^\theta \frac{\lambda x^2}{(1-\lambda x)^3}\exp(-\gamma_0 x)\mathrm{d}x\right]^2 \leqslant \left(\int_0^\theta \frac{\lambda x^2}{(1-\lambda x)^3}\mathrm{d}x\right)^2\left(\int_0^\theta \mathrm{e}^{-\gamma_0 x}\mathrm{d}x\right)^2 \tag{7.22}$$

再进行积分运算可得

$$T \approx T_0\mathrm{e}^{\gamma_0\theta} + \frac{c_0^2}{c_v}\left[\frac{\mathrm{e}^{2\gamma_0\theta}-1}{2\gamma_0}\frac{\lambda^2\theta^5}{5(1-\lambda\theta)^5}\right]^{\frac{1}{2}} \tag{7.23}$$

根据已有试验结果得近似关系 $\mathrm{e}^{-\gamma_0 x} = 1 - (1-\mathrm{e}^{-\gamma_0\theta_0})\dfrac{x}{\theta_0}$，进一步简化形式 $\mathrm{e}^{-\gamma_0 x} = \mathrm{e}^{-\gamma_0\theta_0}$ 可得

$$T = T_0\mathrm{e}^{\gamma_0\theta} + \frac{c_0^2}{c_v}\mathrm{e}^{\gamma_0\theta}\mathrm{e}^{-\gamma_0\theta_0}\times\left(\frac{\frac{2\theta}{\lambda}-\frac{3}{2\lambda^2}}{(\lambda\theta-1)^2} + \frac{3}{2\lambda^2} - \frac{\ln(1-\lambda\theta)}{\lambda^2}\right) \tag{7.24}$$

式（7.23）和式（7.24）分别确定了式（7.21）的两个近似边值条件，式（7.21）的取值范围是介于式（7.23）和式（7.24）两个方程之间的部分。例如，在初始温度 $T_0 = 255.15\text{K}$ 时可以计算出温度随冻胀体应变变化的计算曲线，如图 7.7 所示。

从图 7.7 中可以看到温度和体应变关系的两种近似状态线。将研究结果结合试验关系分析对未冻水含量变化的影响或转化为冲击温度和应变率之间的关系，可以更加直观地反映温度损伤的作用。

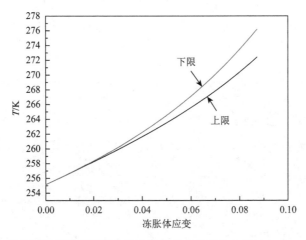

图 7.7　给定试验参数下的温度和冻胀体应变关系状态线（$T_0 = 255.15\text{K}$）

7.4.2　考虑瞬态温升影响的未冻水含量变化

徐学祖等的研究结果认为，未冻水含量符合以下规律[114]：

$$W_u = AT^{-B} \tag{7.25}$$

这组研究结果所用土质为初始含水率为 20% 的莫岭黏土，在不考虑盐分的影响时认为 T_f 近似为 273.15K。综合多组数据的结果，A 值的平均值为 11.42，B 值的平均值为 0.62。故公式简化为

$$W_u = 11.42T^{-0.62} \tag{7.26}$$

同时还有相关研究[108]得出类似的结果。在 20% 的初始含水率条件下的拟合参数为 $A = 11.2705$、$B = 0.5646$，如式（7.27）所示。这些研究方法各有千秋，但是拟合结果一致。

$$W_u = 11.2705T^{-0.5646} \tag{7.27}$$

通过分析相关理论研究结果和本章中的试验结果，温度变化的主要作用在于削弱了土体颗粒-冰体颗粒结构之间的黏附力，这一作用方式在静态、准静态和冲击动态过程中都是有效的，利用理论推导的方法得出更为精确的未冻水含量。

以理论推导的方式可以验证式（7.25）的结果，推导过程需要借鉴连续介质力学的相关原理。连续介质力学的相关原理由热力学第一定律推导，其描述局部介质的公式需要满足热力学封闭系统、状态变量增量对时间可微分的前提条件。根据连续介质力学基本方程，可以得出热力学第一定律描述局部介质的公式[113]为

$$\rho\dot{e} = \sigma : \dot{\varepsilon} - \nabla q + \rho\gamma \tag{7.28}$$

式中，运算符号"："为张量双点积运算符号；ρ 为密度（kg/m³）；$\dot{e}$ 为能量密度变化率（J/s）；σ 为应力（MPa）；$\dot{\varepsilon}$ 为应变率；q 为单位时间热流方向通过单位表面的热量（J/(m²·s)）；γ 为热源强度（J/s）。

假设存在对应未冻水含量 W_u 的广义共轭力 Y_{W_u}，则根据式（7.28）代入广义共轭力 Y_{W_u} 可以确定未冻水含量的符合关系为

$$\rho\frac{\partial\phi}{\partial T}\frac{\mathrm{d}T}{\mathrm{d}t}-Y_{W_u}\frac{\mathrm{d}W_u}{\mathrm{d}t}+\rho\frac{\mathrm{d}T}{\mathrm{d}t}s=\frac{\mathrm{d}Q}{\mathrm{d}t} \tag{7.29}$$

式中，ϕ 为自由能函数；T 为热力学温度（K）；W_u 为未冻水含量；Y_{W_u} 为广义共轭力；s 为熵（J/K）；Q 为热交换的能量（J）。

将式（7.29）简化为

$$Y_{W_u}\mathrm{d}W_u=\left(\rho\frac{\partial\phi}{\partial T}+\rho s\right)\mathrm{d}T-\mathrm{d}Q \tag{7.30}$$

静态稳定系统中能量交换稳定且熵密度平衡，可以假设对于每一种特定环境存在一个常数 h 使式（7.31）成立[115]，即

$$Y_{W_u}\mathrm{d}W_u=\rho h\mathrm{d}T \tag{7.31}$$

由量纲分析可以得到：

$$kW_u^b\mathrm{d}W_u=\rho hT^{-a}\mathrm{d}T \tag{7.32}$$

将系数化简为

$$\frac{k}{\rho h}\frac{1-a}{1+b}W_u^{1+b}=T^{1-a}+C_0 \tag{7.33}$$

式中，C_0 为常量。

边界条件为在开尔文温度系统中，当温度 T 为绝对零度即 $C_0=0$ 时，有

$$\left(\frac{\rho h}{k}\frac{1+b}{1-a}\right)^{-(1+b)}C_0=0 \tag{7.34}$$

因此式（7.25）的结论得到了验证，即

$$W_u=A_iT^{B_i} \tag{7.35}$$

在 SHPB 动态状态下，短时瞬态过程是冲击动态试验的典型特征，假设瞬态过程中的热交换为零，即

$$\rho\frac{\partial\phi}{\partial\varepsilon}\frac{\mathrm{d}\varepsilon}{\mathrm{d}t}+\rho\frac{\partial\phi}{\partial T}\frac{\mathrm{d}T}{\mathrm{d}t}-Y_{W_u}\frac{\mathrm{d}W_u}{\mathrm{d}t}+\rho\frac{\mathrm{d}T}{\mathrm{d}t}s=\sigma\frac{\mathrm{d}\varepsilon}{\mathrm{d}t} \tag{7.36}$$

进行系数简化可得

$$Y_{W_u}\frac{\mathrm{d}W_u}{\mathrm{d}t}=\left(\rho\frac{\partial\phi}{\partial\varepsilon}-\sigma\right)\frac{\mathrm{d}\varepsilon}{\mathrm{d}t}+\left(\rho\frac{\partial\phi}{\partial T}+s\right)\frac{\mathrm{d}T}{\mathrm{d}t} \tag{7.37}$$

将 SHPB 试验中的单轴应力关系 $p=\sigma$ 代入式（7.37）可得

$$Y_{W_u}\frac{\mathrm{d}W_u}{\mathrm{d}t}=\left(\rho k_1-\frac{\varepsilon}{(1-\lambda\varepsilon)^2}\frac{c_0^2}{V_0}\right)\frac{\mathrm{d}\varepsilon}{\mathrm{d}t}+\rho k_2\frac{\mathrm{d}T}{\mathrm{d}t} \tag{7.38}$$

考虑符合冻土瞬态冲击特征的参数条件及式（7.21）、式（7.23）和式（7.24）的瞬态温升结果，可得式（7.28）的简化参数形式为

$$kW_u^{\beta}\mathrm{d}W_u=\left(-a\frac{\varepsilon}{(1-\lambda\varepsilon)^2}+b+cF'(\varepsilon)\right)F^{-\alpha}(\varepsilon)\mathrm{d}\varepsilon \tag{7.39}$$

同样可以化简得到

$$\frac{k}{1+\beta}W_u^{1+\beta}=\int\left(-a\frac{\varepsilon}{(1-\lambda\varepsilon)^2}+b+cF'(\varepsilon)\right)F^{-\alpha}(\varepsilon)\mathrm{d}\varepsilon \tag{7.40}$$

式中，k 为常量系数；α、β、a、b、c 为待定参量；$F(\varepsilon)$ 是由式（7.21）、式（7.23）和式（7.24）导出的温度 T 和应变 ε 之间的函数关系。

同时定义 W_i 为有效含冰量，假设有效含冰量和未冻水含量之和为初始含水率，即

$$W_i+W_u=W_0 \tag{7.41}$$

本章考虑最高幂次次数关系并结合量纲分析可得

$$k_1W_u^{1+\beta}=k_2\mathrm{e}^{(1-\alpha)\gamma_0\varepsilon}+C_1 \tag{7.42}$$

式中，k_1、k_2、C_1 为常量系数；e 为自然常数。

考虑瞬态温度 T 和应变 ε 之间的函数具有 e^ε 的基本形式，可以合并参数得到未冻水含量和温度之间的关系，为

$$W_u=A_1T^{B_1} \tag{7.43}$$

式中，A_1、B_1 为整合常量后的参数。

对比式（7.43）与式（7.25）可以发现，考虑冲击温升影响后的冻土未冻水含量的理论研究与核磁共振成像等方法得出的试验结果具有相同的函数形式，说明冲击温升在冻土中的影响仍然是通过削弱土体颗粒和冰体颗粒结构稳定性的途径得以反映。从以上分析可以看出，在以式（7.43）描述未冻水含量的变化时，需要视具体土体性质来确定系数 A 和 B 的值，特别是考虑冲击温升以后，参数取值与核磁共振成像等方法取得的结果有较大差异。式（7.43）的结果可以用来修正和进一步确定未冻水含量的值。

7.4.3　瞬态温升和应变率关系的计算实例及分析

本章中前面的研究结果提到，将式（7.25）转化为与应变率相关的形式，将能更直观地反映温度损伤的作用。设冻土冲击动态破坏的平均应变率为 $\dot{\varepsilon}$，对于

SHPB 试验，平均应变率的电子信号采集于纵轴截面，主要反映冻土试样的单轴力学性能。加载历程总时间为 t_T，在 SHPB 试验中，是与冲击杆长度相关的常量，对于 $\phi 1.5\text{cm} \times 20\text{cm}$ 的钨钢冲击杆，可以计算得到 $t_T = 1.0500 \times 10^{-4}\text{s}$。因此可得，$\theta_z = \dot{\varepsilon} t_T (1 + 2\nu)$，式中，$\nu$ 为冻土的泊松比，取值 $\nu = 0.35$。

试验所用黏土的声速为 $c_0 = 2000\text{m/s}$，定容比热容为 $c_v = 1344\text{J/(kg·K)}$，冻土的 $\lambda \approx 2$、$\gamma_0 \approx 3$。

简记任意加载时间段 $\theta_i = a_i \dot{\varepsilon}$，$a_i$ 是归并后的常数，将试验参数代入式（7.23）可以计算出瞬态温升关于应变率的关系。同时也应注意初始条件为负温时所带来的变化，如当 $\theta_z = a\dot{\varepsilon}$ 时，有

$$\Delta T \approx T_0 (\text{e}^{3a\dot{\varepsilon}} - 1) + 212.59 \left\{ (\text{e}^{3a\dot{\varepsilon}} - 1) \left[\frac{a\dot{\varepsilon} - \dfrac{3}{8}}{(2a\dot{\varepsilon} - 1)^2} + \frac{3}{8} - \frac{\ln(1 - 2a\dot{\varepsilon})}{4} \right] \right\} \quad (7.44)$$

式中，a 为当前状态的常数。

由此可以根据式（7.44）的结果，代入不同的应变率条件，绘制出冲击温升与初始冻结温度和应变率关系的状态线，如图 7.8 所示。

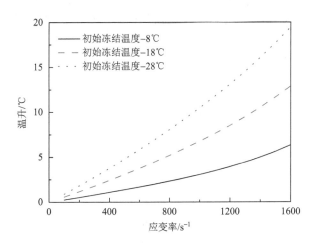

图 7.8　模拟试验条件下瞬态温升和应变率的关系

从图 7.8 中可以看到，剧烈的瞬态温升具有不可忽视的作用。理论计算表明，温度较低的试样在冲击动态荷载作用下的瞬态温升更为剧烈。同时，应变率越大所对应的瞬态温升越大，这是因为在高应变率条件下，随着应变率的增大，冻土中的应变更难以达到瞬态均衡，所以应变将主要由撞击破坏面承受，冻土将更加明显地表现出层叠式推进破坏的特征，这也是冻土表现出应变率效应的直接原因。

7.4.4　温度损伤对等效模量的影响

在量化瞬态温升的影响时，应考虑到动态冲击试验的特殊性质。分析冻土的冲击动态试验和高速摄像可以发现，在高应变率条件下，冻土的动态应变在破坏过程中得不到充分均匀和即时传递，冻土的冲击破坏具有分层推进破坏的特征，如图 7.9 所示。

图 7.9　高速摄像下的冻土冲击动态破坏情况的实例

因此冲击温升对应力波正在作用的瞬态撞击破坏层的影响尤为明显。设瞬态撞击破坏层具有体积 ΔV_T，在撞击破坏层完全破坏前，$\rho \leqslant \rho_z$，假设撞击破坏面是瞬态温升作用的唯一微层面，冻土在纵轴方向的强度由无数个同性层线性叠加而成，同时由于高应变率的作用，冲击温升层的变形得不到有效传递。考虑冻土试样是普通均匀部分和薄层状的瞬态撞击破坏面的层板叠合，对于任意瞬态 t，有

$$\tilde{E} \approx \frac{(N_t + 1)E_0 E_T}{E_0 + N_t E_T} \tag{7.45}$$

式中，$\tilde{E}$ 为有效弹性模量（MPa）；E_0 为冻土不计瞬态温升时的均匀弹性模量（MPa）；E_T 为撞击破坏面受到温度损伤作用时的弹性模量（MPa）；N_t 为在分层推进破坏条件下，薄层厚度与有效土层厚度的比例值，与当前瞬时的剩余有效土层厚度成正比，与薄层厚度成反比，为

$$N_t = \left(1 - \frac{t}{t_T}\right)\frac{l}{\Delta l} \tag{7.46}$$

式中，t 为瞬态已加载时间（s）；t_T 为总加载时间（s）；l 为冻土试样的纵轴长度（m）；Δl 为假定的薄层厚度（m）。由于 Δl 的值与入射杆刚度和冲击速度相关，同时与 $\dot{\varepsilon}$ 相关，近似认为 $\Delta l \approx \alpha \dot{\varepsilon} t_T l$。对于相应试验中铝合金和冻土材料组合，取值 $l / \Delta l = 0.1$。

　　由于瞬态撞击破坏层 $\Delta V_T \ll V$，所以 $\tilde{\theta} \ll \Delta \theta_T$，$\tilde{\theta}$ 是试样中的平均体应变，根据式（2.37）可以解出瞬态温升 ΔT 与应变率 $\dot{\varepsilon}$ 的关系。由关系式 $\Delta l \approx \alpha \dot{\varepsilon} t_T l$ 可以看出，冻土瞬态撞击破坏层中的瞬态温升 ΔT 具有不可忽视的作用，瞬态温升的局部效应十分突出。由于瞬态温升 ΔT 对冻土的局部弱化和应变传递的滞后性，在冻土冲击动态试验的应力-应变曲线结果中能够观察到明显的应变率效应，在高应变率下冻土试样也将随着应变率的升高表现出更为明显的粉碎性特征。

7.5　未充分冻结均匀冻土的动态本构模型

7.5.1　冻土的冲击动态本构关系

　　假设冻土和冰体颗粒以孔隙冰胶结的方式稳定连接，忽略孔隙对有效强度的影响。在远场应力的影响下，根据变形一致性有[33]

$$\varepsilon_{ij} = \varepsilon_{ij}^* = \varepsilon_{ij}^i = \varepsilon_{ij}^0, \quad i,j = 1,2,3 \tag{7.47}$$

因此可以得出冻土复合材料的等效弹性模量 K 和等效剪切模量 G 为[116, 117]

$$K = \phi_s K_s + \phi_i K_i \tag{7.48}$$

$$G = \phi_s G_s + \phi_i G_i \tag{7.49}$$

　　考虑等效夹杂理论的相关原理并通过推导可以得到冻土的弹性模量[33]为

$$E_{is} = \frac{[c_s E_s (1-2v_i) + c_i E_i (1-2v_s)][c_s E_s (1+v_i) + c_i E_i (1+v_s)]}{[c_s E_s (1-2v_i)(1+v_i) + c_i E_i (1-2v_s)(1+v_s)]} \tag{7.50}$$

式中，E_s 为土体弹性模量（MPa）；E_i 为冰的冲击动态弹性模量（MPa）；v_s 为土体泊松比；v_i 为冰的泊松比。

　　将体积分数 c_s 和 c_i 转化为与初始含水率 W_0 和有效含冰量 W_i 相关的参数，有

$$E_{is} = \frac{\left[\dfrac{\rho_i}{\rho_i + W_i \rho_s} E_s (1-2v_i) + \dfrac{W_i \rho_s}{\rho_i + W_i \rho_s} E_i (1-2v_s)\right] \times \left[\dfrac{\rho_i}{\rho_i + W_i \rho_s} E_s (1+v_i) + \dfrac{W_i \rho_s}{\rho_i + W_i \rho_s} E_i (1+v_s)\right]}{\left[\dfrac{\rho_i}{\rho_i + W_i \rho_s} E_s (1-2v_i)(1+v_i) + \dfrac{W_i \rho_s}{\rho_i + W_i \rho_s} E_i (1-2v_s)(1+v_s)\right]} \tag{7.51}$$

温度损伤对瞬态撞击破坏面的弱化作用以式（7.45）考虑，温度损伤影响下瞬态破坏层与未受到温度损伤影响的基质层的相对厚度关系以式（7.46）考虑，可以得到有效层强度组合模型的等效弹性模量方程为

$$\tilde{E}\Big|_{t_i=t} \approx \frac{\left[\left(1-\dfrac{t}{t_T}\right)\dfrac{l}{\Delta l}+1\right]E_{is}E_T}{E_{is}+\left(1-\dfrac{t}{t_T}\right)\dfrac{l}{\Delta l}E_T} \tag{7.52}$$

7.5.2 冻土的塑性损伤

和混凝土等骨架-填充结构材料类似，冻土中也存在裂纹损伤的萌生、演化和发展等过程。在冲击动态荷载作用下，材料强度的概率统计应符合 Weibull 分布。假设材料损伤量 D 同样符合 Weibull 分布，由描述裂纹损伤的演化和发展形式表示冻土的损伤量[75]，有

$$D=1-\exp\left(-\frac{1}{n}\left(\frac{\varepsilon}{\varepsilon_f}\right)^n\right) \tag{7.53}$$

式中，D 为塑性损伤；ε_f 为应力峰值的相对应变；n 为与冻土冰体颗粒和土体颗粒比例相关的材料参数。

综合式（7.45）、式（7.51）～式（7.53）的结果，得出冻土的冲击动态本构方程为

$$\sigma=\tilde{E}(\dot{\varepsilon})(1-D)\varepsilon \tag{7.54}$$

7.5.3 计算实例及分析

根据既有的试验规律，试取插值边界值 $\varepsilon_f\big|_{W_0=15\%}=\frac{1}{3}\varepsilon_0$、$n\big|_{W_0=15\%}=2$、$\varepsilon_f\big|_{W_0=30\%}=\frac{1}{2}\varepsilon_0$、$n\big|_{W_0=30\%}=2.5$，绘制不同条件下的冻土冲击动态应力-应变曲线如图 7.10～图 7.12 所示。

材料的其他物理参数为土体弹性模量 $E_s=46\mathrm{MPa}$，冰的冲击动态弹性模量具有率相关性[115]，通过推算试验结果中的高应变率下冰的弹性模量，近似取值 $E_i\approx1600\mathrm{MPa}$[118]，土体泊松比 $\nu_s=0.35$，冰的泊松比 $\nu_i=0.2$。图 7.10、图 7.11 和图 7.12 分别显示了冻土冲击动态力学性能中的典型应变率效应、温度效应和初始含水率的影响。

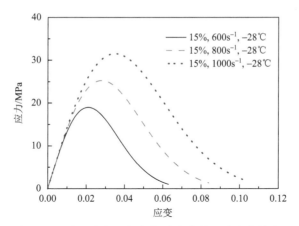

图 7.10　冻土冲击动态应力-应变曲线及应变率效应

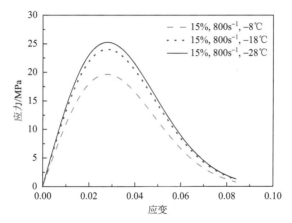

图 7.11　冻土冲击动态应力-应变曲线及温度效应

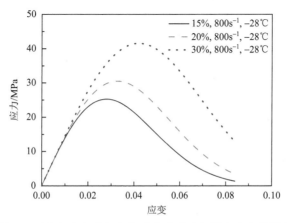

图 7.12　冻土冲击动态应力-应变曲线及初始含水率的影响

从图 7.10 中可以看到，随着应变率的升高，冻土的冲击动态应力峰值逐渐升高。从图 7.11 中可以看到，冻土的冲击动态峰值应力随着温度的降低而升高，并将逐渐随着冰体颗粒的充分冻结而变化缓慢。从图 7.12 中可以看到，初始含水率的不同将直接影响冻土冲击动态应力-应变曲线的形状和应力峰值等重要性质的值。理论推导所得到的曲线符合一般研究对冻土冲击动态应变率效应、温度效应和初始含水率影响的认知。

7.5.4　塑性-脆性转化对应力-应变曲线的影响

在冲击加载作用下，冻土既能表现出流塑性的特征，也能够表现出一定程度的脆性特征，特别是脆性特征会随着温度的降低而更加明显，即冻土的温度脆性和动脆性。受到温度变化的影响，冻土中的冰水混合物会相互转化而呈现出不同的比例，进而导致冻土表现出流塑性和脆性之间的转化，也会影响损伤的形式和裂纹的形态。下面通过采用不同的损伤形式和裂纹损伤函数，来研究冻土的动态本构关系，并分析塑性或脆性假设对应力-应变曲线特征的影响和作用，以及塑性和脆性转化对冻土动态力学性质的影响。基于不同的材料特性可以建立不同的损伤模型，得到差异化的应力-应变曲线。在建立不同损伤模型的过程中，除了上面采用的 Weibull 分布裂纹损伤函数，也可以采用其他裂纹损伤函数。如果冲击试验的温度很低，冻土将在试验过程中表现出强烈的脆性特征，则可将上述理论研究中的损伤变量 D 替换为脆性损伤模型中的脆性损伤变量 D'，为

$$D' = 1 - \frac{f_{\mathrm{cr}}}{E_0 \varepsilon}, \quad \varepsilon_{c0} \leqslant \varepsilon \tag{7.55}$$

式中，E_0 为初始弹性模量（MPa）；f_{cr} 为残余强度（MPa）；ε_{c0} 为临界应变。

冻土的冲击压缩经历了微孔洞的坍塌压实过程后，其动态破坏具有不可逆的特性。假设临界应变 $\varepsilon_{c0} = 0$，将损伤变量 D' 代入理论模型，以相同的方法绘制应力-应变曲线，可以得到脆性模型下的应力-应变曲线，如图 7.13 所示。

由图 7.13 可以看出，由脆性模型得到的应力-应变曲线，上升段被明显拉长。在较低温度（$T = -28℃$）时，应力峰值明显滞后。对比其他研究及[100, 105]试验结果可以看出，虽然冰体颗粒的脆性特征明显，且式（7.48）及式（7.49）表明冰体颗粒的强度对冻土强度有重要影响，但是考虑到冰体颗粒的强度需要通过颗粒之间的共同链接体现，所以脆性特征会伴随着温度降低等试验条件的改变而改变。可以发现，冻土在更低的温度下冻结更加全面、在更低的初始含水率条件下更易达到充分冻结特征温度，这些条件下的冻土更倾向于表现出脆性。因此，如果试验温度很低或者采取其他相应的措施，那么冻土的动态应力-应变曲线将

表现出如图 7.13 所示的应力峰值滞后等强烈的脆性特征。从以上分析可以看出，温度脆性是冻土的一个重要特征，所以应该首先根据土体颗粒物理性质、基本冻土冲击动态试验结果确定插值边界条件 ε_f 和 n 后，再进行应力-应变曲线的拟合。

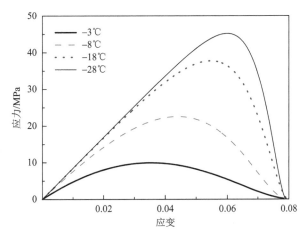

图 7.13　脆性模型计算得到的应力-应变曲线

7.6　本　章　小　结

本章研究了未充分冻结均匀冻土的本构模型，同时发现有效含冰量是描述冻土强度变化的重要参数，有效含冰量的变化能够直接影响冻土的动态弹性模量，从而影响冻土的冲击动态力学性能。

（1）有效含冰量难以通过试验手段直接测定，本章通过分析未冻水含量的增减条件，了解有效含冰量的变化规律。瞬态温度变化及相应的温度损伤是冻土冲击动态性能强度变化的重要参量。冲击荷载下的应变变化伴随着强烈的瞬态温升，瞬态温升会影响土体颗粒和冰体颗粒之间的有效连接，从而对冰体颗粒产生强烈的弱化作用。瞬态温升导致冰体颗粒强度失效的现象即温度损伤，温度损伤的作用会直接影响有效含冰量，温度损伤是构成有效含冰量和应变历程两者联系的纽带。通过理论推导分析温度损伤和冻土动态冲击性能的内在关系，发展了适用于冻土冲击动态的温度损伤函数。

（2）通过对未冻水含量和有效含冰量的研究，能够分析出简单的冻土弹性模量变化规律。瞬态温升导致的温度损伤对冻土冲击动态强度产生负效应，瞬态温升破坏层与基体层的叠加组合，可以量化温度损伤的影响。从本章中的研究结果也可以看出，冻土的塑性-脆性特征影响了冻土的冲击动态力学性能。所以在构建冲击动态荷载影响下的冻土本构关系时应谨慎考虑不同环境条件下的冻土冲击动态力学性能和温度脆性特征。

第8章 未充分冻结冻土的冲击动态力学性能和冻结特征分析

8.1 冻结时间与冻结锋面的研究

一般研究将双面冻结的冻土视为能够描述自然状态的充分冻结均匀冻土，但事实上这种假设不能完整地描述自然冻土的冻结情况。分析微观机理可以发现，冻土的冻结过程是温度场的侵蚀过程，试验低温冰箱或者自然环境是稳定的边界条件，当冻结时间较短时，双面冻结的冻土应考虑冻结锋面的位置和冻结结构的特征，因而应该被视为多个各向同性层组成的非均匀冻土。同时，自然环境更加趋近于单面冻结的冻土，单面冻结和双面冻结在冻结锋面进展和冻结结构上存在显著的差异，单面冻结的冻土也属于非均匀冻土，强度和均匀冻土假设下的结果有明显的区别。

8.1.1 冻结锋面发展情况的理论推导

现有的试验研究一般采用复合冻结并且冻结时间为 24h 的试验方案。研究人员认为在此冻结时间下，冻土得到了充分冻结，冻结锋面能够到达试样充分冻结的边界条件，即双面冻结试样的中部。对于冻结过程中冻结锋面的位置变化，可以做如下考虑和假设。本章假设分凝冰层以上的部分已经充分冻结或者达到了当前环境温度的冻结极限。同时，假设认为这一部分可以视为一个整体，在冻结锋面的进一步移动过程中只发挥热量传导的作用。在此假设下冻土中已冻区的热量传递速度均匀，整体性一致，冻结缘的相变区厚度 Δh 是一个微小变量。

根据连续介质力学原理，可以得出热力学第一定律描述局部介质的公式[113]：

$$\rho \dot{e} = \sigma : \dot{\varepsilon} - \nabla q + \rho \gamma \tag{8.1}$$

式中，运算符号"："为张量双点积运算符号；ρ 为密度（kg/m³）；$\dot{e}$ 为能量密度变化率（J/s）；σ 为应力（MPa）；$\dot{\varepsilon}$ 为应变率；q 为单位时间热流方向通过单位表面的热量（J/(m²·s)）；γ 为热源强度（J/s）。

由于将已冻区视为一个整体，在考虑了导热系数 λ_f 的情况下，冻土的受冻面热流将直接作用于冻结缘上层面，因此首先定义单位时间热流方向通过单位表面的热量，为

$$q = \frac{\lambda_f (T_0 - T_x)}{H + \Delta H} \qquad (8.2)$$

式中，T_x 为冻结温度（K）；T_0 为未冻区的自有温度（K），在双面冻结和单面冻结条件下均可假设为 273.15K；H 为位于 ΔH 以上部分的瞬态已冻区厚度（m）；ΔH 为瞬态薄层状的冻结缘厚度（m）；λ_f 为冻土的导热系数（W/(m·K)）。

因此，在微小时段 Δt 内通过冻结缘表面面积 S 的总热量时间密度 $\dot{Q}_s$ 为

$$\dot{Q}_s = \frac{\lambda_f (T_x - T_0)S}{H + \Delta H} \qquad (8.3)$$

假设坐标轴沿冻结方向为正方向，由于冻土自身不存在其他热供给，γ 的唯一来源是相变潜热，则有

$$\gamma = \frac{W_i \rho_d S \Delta H}{\mathrm{d}t} L \qquad (8.4)$$

式中，W_i 为可能转化的最大含冰量；ρ_d 为冻土密度（kg/m³）；S 为表面积（m²）；L 为相变潜热（J/kg）；$\mathrm{d}t$ 为时间增量（s）。

在此冻结过程中忽略体积膨胀带来的应力-应变变化，简化可得

$$\rho_d \dot{e} = -\nabla \frac{\lambda_f (T_x - T_0)S}{H + \Delta H} + \rho_d \frac{W_i \rho_d S \Delta H}{\mathrm{d}t} L \qquad (8.5)$$

能量变化导致的冻土内能的变化为

$$E = C_d \rho_d S \Delta H (T_x - T_0) \qquad (8.6)$$

注意到冻结方向与冻结表面正交，将式（8.3）、式（8.4）和式（8.6）代入式（8.5）可得

$$\rho_d \frac{C_d \rho_d S \Delta H (T_x - T_0)}{\mathrm{d}t} = -\mathrm{div}\frac{\lambda_f (T_x - T_0)S}{H + \Delta H} + \rho_d \frac{W_i \rho_d S \Delta H}{\mathrm{d}t} L \qquad (8.7)$$

考虑到在冻结缘为近似薄层的条件下，$H \gg \Delta h$，可以解出冻结锋面的位置和冻结时间的关系为

$$[\rho_d W_i \rho_d L - \rho_d C_d \rho_d (T_x - T_0)]H\mathrm{d}H = \lambda_f (T_x - T_0)\mathrm{d}t \qquad (8.8)$$

$$\frac{1}{2}[\rho_d W_i \rho_d L - \rho_d C_d \rho_d (T_x - T_0)]H^2 + C = \lambda_f (T_x - T_0)t \qquad (8.9)$$

式中，C 为常数。

8.1.2 冻结锋面发展情况的计算实例及分析

试验测得，试样的表面积 $S = 7.069\times10^{-4}\,\mathrm{m}^2$，相变潜热 $L = 3.336\times10^5\,\mathrm{J/kg}$。冻结温度 $T_x = -28\,℃$，导热系数 $\lambda_f = 0.25\,\mathrm{W/(m\cdot K)}$。同时，初始含水率 $W_0 = 15\%$、$W_0 = 20\%$、$W_0 = 30\%$ 的冻土比热容分别为 $C_{d15} = 1.029\times10^3\,\mathrm{J/(kg\cdot K)}$、$C_{d20} = 1.092\times10^3\,\mathrm{J/(kg\cdot K)}$、$C_{d30} = 1.218\times10^3\,\mathrm{J/(kg\cdot K)}$，密度分别为 $\rho_{d15} = 1840\,\mathrm{kg/m^3}$、$\rho_{d20} = 1920\,\mathrm{kg/m^3}$、$\rho_{d30} = 2080\,\mathrm{kg/m^3}$。

根据式（8.9）可以求出在不同初始含水率条件的冻土试样中，冻结深度 H 随冻结时间 t 的变化规律，计算时同样取三种不同的初始含水率条件 $W_0 = 15\%$、$W_0 = 20\%$、$W_0 = 30\%$，计算实例如图 8.1 所示。

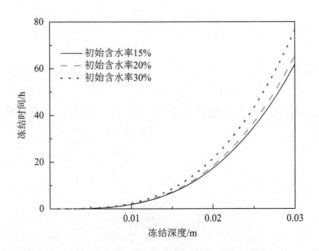

图 8.1 $-28\,℃$时冻结深度随冻结时间的发展规律

从图 8.1 中可以看出，随着冻结深度的增加，所需要的冻结时间变长，而受到已冻区导热速率的影响，冻结时间和冻结深度的比值也逐渐增加，冻结深度较深的冻土将需要更多冻结时间，这一结论和试验现象的结果一致。同时也可以看到，初始含水率较大的冻土在相同冻结时间内所能达到的冻结深度较小，这是因为单位体积内需要冻结的冰体颗粒含量上升，冻结所需的能量增加，从而延长了冻结时间。分析式（8.9）和图 8.1 可以看到，初始含水率分别为 $W_0 = 15\%$、$W_0 = 20\%$、$W_0 = 30\%$ 的冻土，冻结深度 $H = 0.018\mathrm{m}$ 时，所需要的冻结时间分别为 $t_{015} = 14.76\mathrm{h}$、$t_{020} = 15.63\mathrm{h}$、$t_{030} = 18.27\mathrm{h}$，所以试验冻结 24h 后，认为冻土处于深度冻结状态的结论是可信的。但是也可以看到，冻结深度 $H = 0.03\mathrm{m}$ 时，所需要的冻结时间分别为 $t_{015} = 61.75\mathrm{h}$、$t_{020} = 64.31\mathrm{h}$、$t_{030} = 77.26\mathrm{h}$，也就是说对于

表面积 $S = 7.069 \times 10^{-4}\text{m}^2$、长度为 0.03m 的试样，冻结 24h 后并未达到深度冻结状态，将不能作为均匀冻土进行试验。

8.2　未充分冻结冻土中连续温度场及冰体颗粒分布

8.2.1　冻土中由极限温差函数关系控制的温度场

前一部分研究分析了冻结锋面的迁徙规律，在分析中引入了已冻区的深度冻结假设。在微观层面，冻土的冻结过程应是一个逐层递进的混合冻结过程。在 t_x 时刻，任意微平面的冻土已冻结冰体颗粒是随着温度场的深入而梯度变化的量。特别是对早期冻结的冻土来说，没有发展出厚度足够的已冻区，此时温度场的影响对冰体颗粒的分布情况有着重要意义。两者的重要区别以图 8.2 表示，图 8.2（a）是式（8.9）中假设的理想状态，图 8.2（b）是考虑温度场影响及冰体颗粒分布后的情况。图 8.2 中，上半部分斜向正交线代表了不同密度的冰体颗粒分布，斜向正交线的疏密情况反映了有效含冰量分布密度的大小，较密的斜向正交线对应较大的有效含冰量分布密度；下半部分的竖向正交线代表了冻土中的未冻结区域。图 8.2 中表达的含义是，两种情况的总有效含冰量是相同的，但是由于图 8.2（b）考虑了温度场的影响，所以冰体颗粒的密度分布发生了变化。由于不同的分层模型会影响本章理论中冻土的冲击动态力学性能，本章结论认为重新界定冻土中的冻结温度场并且依据此温度场分布冰体颗粒，能够得到更加精确的冻土冲击动态力学性能描述。

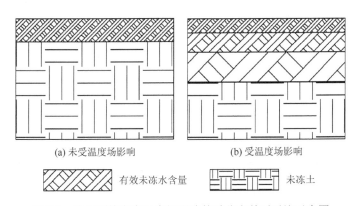

（a) 未受温度场影响　　　　　　　　（b) 受温度场影响

有效未冻水含量　　　　未冻土

图 8.2　冰体颗粒考虑温度场影响的重分布前后对比示意图

本章采用的方法为建立极限温差控制下的温度场变化规律方程组。对于冻土中的任一微平面，其上下两个表面存在一定的温度差异。取一个微元体，微元体的上表面作为冷端受到温度 T_c 的作用，下表面作为暖端受到温度 T_w 的作用，上下表面的温度差异为 $\Delta T = T_w - T_c$。假设微元体中的温度场是均匀变化的，$\Delta T_i'' = 0$，同时将微元体分为连续的 n 个温度分层。在温度场中由第 7 章的式（7.9）及式（7.10）可以解出冰体颗粒充分冻结量和冻胀体应变的变化。总应变为

$$\varepsilon_0 = \sum_{i=1}^{n} \varepsilon_i = \sum_{i=1}^{n} g(T_i) \qquad (8.10)$$

在本章的研究中近似认为冻土的抗拉强度 $\tilde{\sigma}_t$ 和抗压强度 $\tilde{\sigma}_c$ 具有线性关系 $\tilde{\sigma}_t = k_1 \tilde{\sigma}_c$，取微元体的平均弹性模量为

$$\tilde{E}_t = k_2 \tilde{E}_c = \frac{n \prod_{i=1}^{n} E_i}{\sum_{j=1}^{n} \frac{\prod_{i=1}^{n} E_i}{E_j}} \qquad (8.11)$$

式中，k_1 和 k_2 为常数。

总应力为

$$\tilde{\sigma}_t = \frac{n \prod_{i=1}^{n} E_i}{\sum_{j=1}^{n} \frac{\prod_{i=1}^{n} E_i}{E_j}} \sum_{i=1}^{n} g(T_i) \qquad (8.12)$$

方程的解还需确定边界条件。将冻土视为由孔隙冰胶结的连续介质，假设微元体中的拉伸应力小于冻土的抗拉强度 σ_k，$\tilde{\sigma}_t \leqslant \sigma_k$，抗拉强度的值可由抗拉试验得到。由此可以解出连续冻结过程中，冻土任一微层面的上下表面温差容许值为

$$\Delta T = \Gamma(T_w) = \Gamma(T_c) \qquad (8.13)$$

由式（8.9）可知，若假设在 t_x 时刻冻土中的冻结冰含量不会随着温度场的分布变化而变化，则可以认为在 t_x 时刻总冰体颗粒含量为

$$\Psi(W_{i|t_x}) = HW_i \qquad (8.14)$$

式中，H 为 t_x 时刻的冻结锋面深度（m）；W_i 为式（8.9）中计算 H 时所采用的有效含冰量。

由式（7.5）可知，冰体颗粒含量的变化应考虑温度场分布规律的影响。由温度场分布关系式（8.13）、温度和有效含冰量的关系式（7.9）及图 7.4，就可以解出重分布 $\Psi(W_{i|t_x})$ 的值，以及任意时刻未充分冻结非均匀冻土在连续温度场中的冰体颗粒含量的分布情况。

8.2.2　极限温差随冷端温度变化规律的计算实例及分析

冻土抗拉强度的取值受到温度变化的影响，可由抗拉试验结果得出拟合曲线。沈忠言[102]等的研究认为，冻结黄土抗拉强度值的预测方程为

$$\tilde{\sigma}_k = -0.1464T_x - 0.1526T_xV^{0.25} - 0.4773V^{-0.08} + 0.7564 \qquad (8.15)$$

式中，V 为加载速率（m/s）。

在未加载时，加载速率 $V = 0\text{m/s}$，依式（8.15）简化为

$$\tilde{\sigma}_k = -0.1464T_x + 0.7564 \qquad (8.16)$$

将式（8.10）～式（8.12）及式（8.16）代入抗拉强度关系 $\tilde{\sigma}_t \leqslant \sigma_k$，可以解出单位长度微元体上下表面的极限温差随着上表面冷端温度差异的变化情况。不考虑孔隙坍塌和冻胀破坏，近似认为：

$$\tilde{\sigma}_t = \Delta\tilde{\varepsilon}\tilde{E}\frac{\dfrac{\Delta T}{\Delta l}}{\dfrac{\Delta T_{\max}}{l}} \leqslant \sigma_k \qquad (8.17)$$

式中，l 为试验中的试样长度（m）；$\Delta T_{\max}$ 为上下表面的极限温差（℃）；$\dfrac{\Delta T}{\Delta l}\dfrac{l}{\Delta T_{\max}}$ 修正了薄层温度梯度的影响。

取冷端极限冻结温度 $T = -28℃$，薄层厚度 $\Delta H = 0.001\text{m}$，不同初始含水率（$W_0 = 15\%$、$W_0 = 20\%$、$W_0 = 30\%$）的试样计算温度场的变化情况。首先考虑式（8.16）的结果，可以得到特定温度 T_x 时冻土的抗拉强度极限值。然后考虑抗拉强度之间具有的 $\tilde{\sigma}_t \leqslant \sigma_k$ 关系，并且认为 $\tilde{\sigma}_t$ 的来源是冰体颗粒膨胀导致的体积变化，即式（8.17）的结果。本章考虑一个冻土微元体，上下层面及层面之间的 $\tilde{E}$ 由式（7.52）计算。在孔隙冰胶结假设下 $\Delta\tilde{\varepsilon}$ 由冰体颗粒膨胀体积决定，是与有效含冰量 W_i 相关的值，并且膨胀过程受到边界条件的制约，在冻土中产生拉伸应力。因此，可以编程计算得到薄层 ΔH 中冰体颗粒含量的变化情况，即有效含冰量 W_i 在微元体中的分布情况。再由前述研究中有效含冰量 W_i 与冻结温度 T_f 的关系，在确定了近冷端冻结面的温度值时，就可以计算得出相应的近暖端绝缘面的温度最大值。根据近冷端冻结面温度值和近暖端绝缘面温度值的关系可以绘制相应的关系曲线，计算实例结果如图 8.3 所示。从图 8.3 中可以看到，对于冻土中任意抵抗冲击方向的微层面，其上下表面的容许温差随着冷端温度的降低而减少，直至逐渐趋同，而对于不同含水率的试样，其极限温差的变化不大。

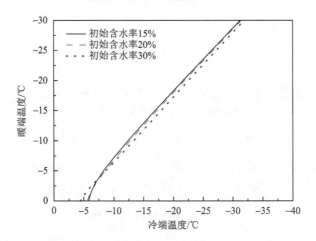

图 8.3　微层面暖端绝缘面温度值随冷端冻结面温度值变化的关系

　　在图 8.3 结果的基础上进一步分析相关结果,取初始含水率 $W_0 = 15\%$、冷端极限冻结温度 $T = -28℃$、薄层厚度 $\Delta H = 0.001\text{m}$ 的微层面。在图 8.3 的结果中,将近暖端绝缘面温度减去近冷端冻结面温度就可以得到对应的上下层面温差 ΔT。将薄层厚度为 ΔH 的上下层面温差 ΔT 与对应的冷端冻结面温度 T_c 作关系曲线,得到的结果如图 8.4 所示。

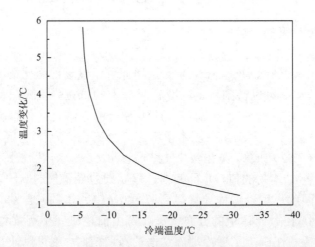

图 8.4　温度场中微层面上下表面极限温差随冷端冻结面的温度变化规律
（ $W_0 = 15\%$ 、 $T = -28℃$ 、 $\Delta H = 0.001\text{m}$ ）

　　从图 8.4 中可以看到,随着冷端冻结面温度的降低,冻土拉裂极限所容许的上下温差逐渐趋于零,这是因为冷端的温度越低,通过冷端截面的热流强度越高,冻土的冻结程度越深，冰体颗粒含量越大，冻土的脆性特征越明显，所以上下表面的容许温差越小。

8.2.3　极限温差控制的温度场影响下冰体颗粒的分布

极限温差控制的温度场对处于早期冻结状态的冻土影响明显。相对于理想状态及未考虑此条件时的情况，图 8.2 所示的冰体颗粒分布是体现这一差异的主要因素。考虑处于早期冻结的单面冻结冻土试样，根据式（8.12）和式（8.13）的关系分析冰体颗粒分布的方法。由式（8.17）可以解得单位深度 Δl 的温度梯度关系，温度场应由冷端冻结面开始向下拓展排布，直到深度达到试样的暖端绝缘面或温度场的温度梯度排布到零度。将式（8.9）中计算得到的随时间变化的最大含冰量 W_{i0} 由冷端冻结面逐层向下重新分布，直到

$$\sum_{h=0}^{H} W_i(T(h)) = W_{i0} \qquad (8.18)$$

式中，$T(h)$ 为温度场分布函数；$W_i(T)$ 为前述计算得到的有效含冰量关于温度的函数。

所得到的冰体颗粒分布规律为在极限温差控制的温度场中的冰体颗粒重分布情况。由冻土冲击动态各向同性层组合模型，在等效夹杂理论框架下可以计算冻土的单位深度 Δl 的等效弹性模量为

$$E_i = \frac{\left[\dfrac{\rho_i}{\rho_i + W_i \rho_s} E_s (1-2\nu_i) + \dfrac{W_i \rho_s}{\rho_i + W_i \rho_s} E_i (1-2\nu_s)\right] \times \left[\dfrac{\rho_i}{\rho_i + W_i \rho_s} E_s (1+\nu_i) + \dfrac{W_i \rho_s}{\rho_i + W_i \rho_s} E_i (1+\nu_s)\right]}{\left[\dfrac{\rho_i}{\rho_i + W_i \rho_s} E_s (1-2\nu_i)(1+\nu_i) + \dfrac{W_i \rho_s}{\rho_i + W_i \rho_s} E_i (1-2\nu_s)(1+\nu_s)\right]} \qquad (8.19)$$

总等效弹性模量为

$$\tilde{E}_0 = \frac{n \prod_{i=1}^{n} E_i}{\sum_{j=1}^{n} \dfrac{\prod_{i=1}^{n} E_i}{E_j}} \qquad (8.20)$$

8.2.4　单面冻结冻土中冰体颗粒分布的计算实例及分析

由式（8.9）中冻结锋面位置的计算方法和式（8.14）中总有效含冰量的计算

方法，可以得出总有效含冰量的值。由图 7.4 中未充分冻结冻土中有效含冰量与冻结温度的关系和式（8.18）中的等量关系，可以解出温度场分布函数 $T(h)$，即温度场 T 随冻结深度 h 的变化规律。当冷端冻结面冻结温度 $T = -28℃$、暖端绝缘面温度恰好为 $T_w = 0℃$ 时，表面积 $S = 7.069 \times 10^{-4}\text{m}^2$、密度 $\rho = 1840\text{kg/m}^3$ 的单面冻结冻土试样，取不同的初始含水率条件，得到的温度场随冻结深度的分布规律如图 8.5 所示。

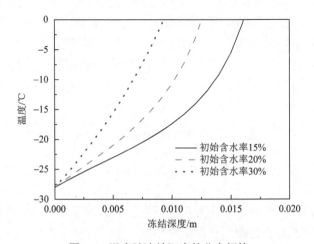

图 8.5　温度随冻结深度的分布规律

从图 8.5 中可以看出，极限温差控制的温度场具有随冻结深度增加逐渐疏松的趋势，在靠近冷端冻结面时温度梯度较小，单位深度为 $\Delta l = 0.001\text{m}$ 的上下层面容许温差较小。本章的研究结果表明，达到相同的温度层面时，初始含水率较低的冻土所需的冻结深度较大，说明含水率较低的冻土的微层面许用极限温差较小。值得注意的是，对于相同表面积的试件，在不同含水率条件下，能够取得–28～0℃完整温度场所需的冻结深度不同。当试件长度大于–28～0℃完整温度场所对应的冻结深度时，温度场以下部分处于未冻结状态。当试件长度小于–28～0℃完整温度场所对应的冻结深度时，试件暖端温度取值为对应冻结深度的温度。

同时，由式（8.18）中冰体颗粒的分布方法和式（8.14）中总有效含冰量的计算方法可以得出总有效含冰量的值。由图 7.4 中未充分冻结冻土中有效含冰量与冻结温度的关系及图 8.5 中温度场与冻结深度的分布规律结果，通过参数代换，可以绘制单位深度 $\Delta l = 0.001\text{m}$ 时，单层微层面容许冰体颗粒转化极限值随冻结深度的变化规律，如图 8.6 所示。

从图 8.6 中可以看出，极限温差控制的温度场直接影响了冰体颗粒的分布情况。受到温度场分布的直接影响，靠近冷端冻结面的冻土微层面中含冰量较高，随着冻结深度的增加，连续温度场中的冰体颗粒含量逐渐减少，也将导致各向同性层组合冻土冲击动态本构模型中的等效弹性模量发生变化。特别是考虑瞬态温升的温度损伤作用以后，冰体颗粒重分布的本构关系将比不计温度场影响的本构关系更为精确。

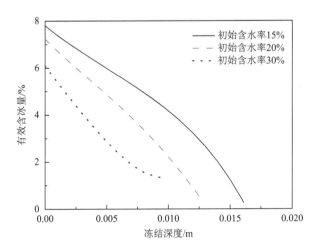

图 8.6　温度场作用下有效含冰量随冻结深度的变化规律

8.3　未充分冻结冻土的冲击动态力学性能

8.3.1　冲击荷载作用下的温度损伤影响

采用与式（7.23）类似的分析方法，可以引入冲击荷载对非均匀冻土的温度损伤影响。假设冻土结构是各向同性层的组合，考虑高应变率的作用，对于任意瞬态 t，有

$$E'_t \approx \frac{(N_t+1)E_0 E_T}{E_0 + N_t E_T} \tag{8.21}$$

同样采用与式（7.23）相同的方法，将冲击温升影响部分的弹性模量与未受到冲击温升影响部分的弹性模量进行叠合，可以得到未充分冻结非均匀冻土的弹性模量。同时考虑式（7.53）的塑性损伤部分，可以构建未充分冻结非均匀冻土的本构关系。

8.3.2　不同冻结特征的模型差异

冻结特征主要是指冻土的冻结时间、冻结方向和冲击方向等要素。由式（8.9）

的结果可知，对于不同初始含水率的冻土，其冻结时间不同，所能达到的冻结深度不同。即使考虑了式（8.18）对温度场重分布的影响，这一结果仍然成立。因此，对于未能充分冻结和深度冻结的冻土，冻结时间是一个重要的影响因素。

根据一般认知，未深度冻结的双面冻结冻土和单面冻结冻土的冲击动态力学性能不同。将单面冻结界定为冷端受冻面受到冲击荷载作用和暖端绝缘面受到冲击荷载作用两种情况，冻结面接受冲击荷载作用与否，冻土的力学性能也将表现出明显差异。式（8.9）的结果已经得到了冻结锋面的迁徙规律。不考虑双面冻结条件侧缘的影响，现假设在现有的试验冻结时间 24h 内，双面冻结的冻土冻结缘从冻土的双面分别达到冻结深度 H，但未深度冻结时，单面冻结冻土的冻结缘应同样达到了冻结深度 H。双面冻结的冻土形成了冻土层-未冻层-冻土层-冲击温升层的四层结构，如图 8.7（a）所示。单面冻结的冻土根据冲击方向的不同，形成了冲击温升层-冻土层-未冻层的三层结构或冻土层-未冻层-失效的冲击温升层的两种结构，如图 8.7（b）和（c）所示，其中失效的冲击温升层是指当暖端绝缘面受到冲击荷载作用时，温升作用对未冻结部分不能造成冰体颗粒的弱化，该部分的力学性能等同于未冻层。将冻土视为分层堆叠的各向同性层，可以利用等效夹杂理论和有效强度分析冻结时间对冲击方向对冻土动态冲击力学性能的影响。

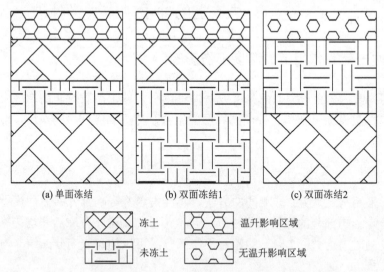

(a) 单面冻结   (b) 双面冻结1   (c) 双面冻结2

图 8.7   不同冻结方式和冲击方向相结合的基础模型差异

8.3.3 冻结特征对本构关系影响的计算实例及分析

设在 t_x 时刻已冻区冻结深度为 H_x，已冻区冻土的平均弹性模量为 $\tilde{E}_x$。考虑未冻区的平均弹性模量为 $\tilde{E}_0$，冲击温升层的深度为 $\Delta l = \alpha \dot{\varepsilon} t_r l$。现取试样尺寸 $A = \phi 0.030\mathrm{m} \times 0.018\mathrm{m}$，冻结时间 $t_x = 1\mathrm{h}$，初始含水率 $W_0 = 15\%$，冻结温度 $T_x = -28℃$，应变率 $\dot{\varepsilon} = 800\mathrm{s}^{-1}$，冲击温升层的深度比为 $\Delta l / l = 0.1$，未冻结土体的弹性模量 $\tilde{E}_0 = 46\mathrm{MPa}$，根据计算可得，此时单面冻结的冻结深度 $H_x = 0.007308\mathrm{m}$。绘制图 8.7 中三种情况的应力-应变曲线如图 8.8 所示。

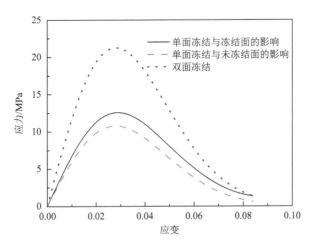

图 8.8　冻土的冲击动态应力-应变曲线
（ $W_0 = 15\%$ 、 $T_x = -28℃$ 、 $\dot{\varepsilon} = 800\mathrm{s}^{-1}$ 、 $t_x = 1\mathrm{h}$ ）

从图 8.8 中可以看出，在此种冻结时间条件下，双面冻结的应力峰值要远远大于单面冻结的应力峰值。单面冻结的不同表面受到冲击作用，其应力峰值也具有差异，冷端受冻面受到冲击作用时，冻土试样中的应力峰值大于暖端绝缘面受到冲击作用时冻土试样中的应力峰值，这是因为方程组考虑了冲击作用的瞬态特性，暖端绝缘面受到冲击荷载作用时，冻土的变形较大，对外力的抵抗作用较小，所以表现出的等效弹性模量较小，应力峰值也较小。

如果冻结时间 $t_x = 5\mathrm{h}$，其他条件不变，那么计算可得，此时单面冻结的冻结深度 $H_x = 0.012528\mathrm{m}$，因此在此冻结时间影响下的不同冻结方向和冲击方向的冻土应力-应变曲线如图 8.9 所示。

从图 8.9 中可以看到，随着冻结时间的增加，双面冻结试样已经进入深度冻结的状态，因此单面冻结试样和双面冻结试样的应力峰值差距在逐渐减小。对于同一种冻结方向和冲击方向的情况，冻结时间增加所导致的应力峰值的增加规律符合前述的研究结果。

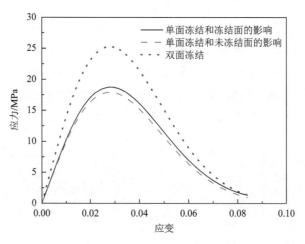

图 8.9　冻土的冲击动态应力-应变曲线

（ $W_0 = 15\%$ 、 $T_x = -28℃$ 、 $\dot{\varepsilon} = 800\text{s}^{-1}$ 、 $t_x = 5\text{h}$ ）

8.3.4　冻土冲击动态力学性能的计算实例及分析

取冻结时间 $t_x = 5\text{h}$ 分析重分布前后，不同冻结特征的冻土中冰体颗粒的分布差异。由本章中的前述研究计算可知，当 $t_x = 5\text{h}$ 时，标准尺寸 $A = \phi0.030\text{m} \times 0.018\text{m}$ 的冻土试样的冻结深度为 $H_x = 0.012528\text{m}$ ，单位厚度含冰量为 $W_i = 7.80499\%$ ，总冻结冰体颗粒质量为 $M_i = 0.0977783M_s$ 。以单位厚度 $\Delta l = 0.001\text{m}$ 的薄层及前述温度场影响下等效含冰量分布规律的研究建立等量关系，计算可得有效含冰量随温度场分布后冰体颗粒含量的变化。相比于未考虑温度场影响时的情况，冻土中冰体颗粒重分布后计算得到的有效弹性模量将有较大差异。因此，本章计算了考虑温度场前后的应力-应变曲线的本构关系，比较两者的差异，计算结果如图 8.10 所示。从图 8.10 中可以看出，考虑极限温差控制的温度场后，计算得到的应力峰值有所上升，这是因为采用温度场分布规律的冻土试样，受到冻结温度影响的深度有所增加。

特别的是，当冻结时间较长时，温度场下缘抵达暖端绝缘面。此时，应考虑冷端冻结面逐层进入深度冻结状态。例如，取冻结时间 $t_x = 15\text{h}$ ，可由温度场规律（式（8.17））和冰体颗粒含量平衡方程（8.18）计算，考虑温度场作用时冷端冻结面有微层面厚度 $\Delta H = 0.0085\text{m}$ 已处于深度冻结状态，其余部分以极限温差控制的温度场分布。计算所得的应力-应变曲线差异如图 8.11 所示。从图 8.11 中可以看到，应力峰值的相对关系没有随着冻结时间的延长和深度冻结程度的加深而有所改变。应力峰值的差值随着冻结时间的增加而减少，说明在长时冻结的过程中，考虑温度场的冰体颗粒重分布带来的影响逐渐削弱，冻土逐渐进入深度冻结状态，同时也反映出早期冻结应该考虑温度场的作用，否则将引起应力峰值判断的较大差异。

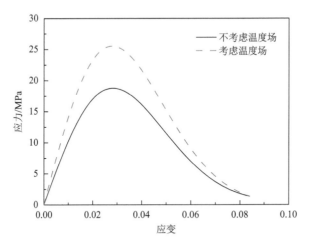

图 8.10　考虑温度场影响前后的应力-应变曲线对比
（ $W_0 = 15\%$ 、 $T_x = -28℃$ 、 $\dot{\varepsilon} = 800\text{s}^{-1}$ 、 $t_x = 5\text{h}$ ）

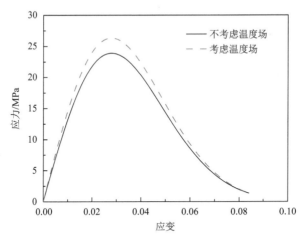

图 8.11　考虑温度场影响前后的应力-应变曲线对比
（ $W_0 = 15\%$ 、 $T_x = -28℃$ 、 $\dot{\varepsilon} = 800\text{s}^{-1}$ 、 $t_x = 15\text{h}$ ）

8.4　本 章 小 结

现有冻土冲击动态力学性能的研究中，冻土试样均采用了竖向冻结和侧向冻结同时进行的复合冻结方式，忽略了冻结方向的影响。然而，在自然环境中冻土的冻结方向性明显，可以视为无限大半空间体的竖向单面冻结，这与现有冻土冲击动态试验及研究的试验假设存在差异。

　　本章通过推导冻结锋面的发展规律、建立变化的冻结温度场以及在温度场中进一步考虑冰体颗粒分布情况，描述了非均匀冻土中冻结方向和冻结锋面的影响。同时，考虑了冲击方向对冻土冲击动态力学性能的影响，论述了冲击动态荷载作用下，不同冻结方向和冲击方向相结合时冻土的强度关系。

　　统筹以上的函数关系，在等效夹杂理论、连续介质力学及弹性力学的框架下，建立了不同冻结方向和冻结锋面情况下未充分冻结非均匀冻土的冲击动态本构关系，本章的研究结果有效地描述了冻结方向和冻结锋面对冻土冲击动态力学性能的影响。

第 9 章　冻土单轴冲击动态试验数值模拟

9.1　SHPB 数值模拟方法

近些年，数值模拟技术得到了飞速的发展，对于 SHPB 的试验过程，数值模拟可以直接获取试样各单元的应力、应变等数据信息，能够观察试样破坏过程，并且可以避免端面摩擦效应、试件平行公差等外界因素的影响，进而提高测试精度。本章主要使用的是 ANSYS/LS-DYNA 有限元软件，利用 ANSYS 的前处理器和隐式求解器进行建模和预加载分析，然后将输出的 K 文件与 LS-DYNA 程序结合，进行后处理分析。

9.1.1　LS-DYNA 有限元软件简介

LS-DYNA 软件程序是一种通用显示非线性动力分析程序，材料非线性（140 多种材料模型）问题、接触非线性（50 多种）问题和各种复杂几何非线性（大应变、大转动和大位移）问题都可以利用此软件程序进行分析计算。软件以显示求解为主时，兼具隐式求解功能；以拉格朗日算法为主时，兼具 ALE 和 Euler 算法；以非线性动力分析为主时，兼具静力分析功能；以结构分析为主时，兼具热分析、流体结构耦合功能。软件具有强大的分析能力、丰富的材料模型库（同时还支持用户自定义材料）、易用的单元库、充足的接触方式（50 多种）、自适应网格划分功能、强大的软硬件平台支持等优点。

无数次的试验已经验证了它的可靠性，因此在工程中得到了广泛的应用，如汽车工业、航空航天、建筑业、制造业、国防、电子领域等，模拟的模型小可至集成电路、脱氧核糖核酸（deoxyribonucleic acid，DNA），大可至土木工程、航空航天工程。

9.1.2　LS-DYNA 程序求解步骤

与一般的计算机辅助工程（computer aided engineering，CAE）分析软件的操作过程类似，LS-DYNA 的分析流程包括四个部分，依次为问题的规划、前处理、加载与求解、后处理，如图 9.1 所示。

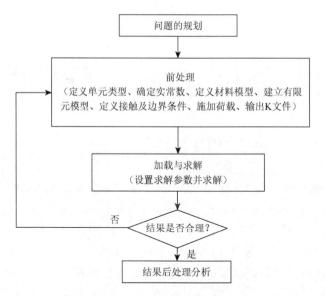

问题的规划

前处理
（定义单元类型、确定实常数、定义材料模型、建立有限
元模型、定义接触及边界条件、施加荷载、输出K文件）

加载与求解
（设置求解参数并求解）

结果是否合理？　　否

是

结果后处理分析

图 9.1　LS-DYNA 程序分析流程

首先在 ANSYS 中进行前处理，主要包括定义单元类型、确定实常数、定义材料模型、创建几何实体模型、网格划分、定义 PART、定义接触及边界条件、施加荷载。接着求解（SOLVE），以关键文件 K 文件（LS-DYNA 软件程序的标准输入文件形式）形式输出，利用 LS-DYNA970 求解器进行计算，计算完成后用 LS-PREPOST进行后处理分析，主要包括应力、应变、时间历程曲线及云图的绘制。

9.1.3　显式时间积分法

LS-DYNA 软件程序所采用的主要方法为显式中心差分法。在显式中心差分法中，用中心差分来代替速度和加速度的导数，即

$$\dot{u}(t_n) = \frac{u(t_{n+1}) - u(t_{n-1})}{2\Delta t} \tag{9.1}$$

$$\ddot{u}(t_n) = \frac{u(t_{n+1}) - 2u(t_n) + u(t_{n-1})}{\Delta t^2} \tag{9.2}$$

将其代入运动方程 $M\ddot{u}(t_n) + C\dot{u}(t) + Ku(t) = Q(t)$ 中，得到

$$\left(\frac{1}{\Delta t^2} M + \frac{1}{2\Delta t} C\right) u_{t+\Delta t} = Q_t - \left(K - \frac{2}{\Delta t^2} M\right) u_t - \left(\frac{1}{\Delta t^2} M - \frac{1}{2\Delta t} C\right) u_{t-\Delta t} \tag{9.3}$$

式（9.3）可进一步化简为

$$\hat{M} u_{t+\Delta t} = \hat{R} \tag{9.4}$$

式中，Q 为结构荷载向量；K 为刚度矩阵；C 为阻尼矩阵；M 为质量矩阵；$\hat{M}$ 和 $\hat{R}$ 分别为有效质量矩阵和有效荷载向量。式（9.4）为求解各个离散时间点解的递推公式，$u_{t+\Delta t}$ 可以通过 $u_{t-\Delta t}$ 和 u_t 求得，$t+\Delta t$ 时刻的单元应变和单元应力可以通过将 $u_{t+\Delta t}$ 回代到物理方程和几何方程中求解得到。递推公式的起步方程如下：

$$u_{t-\Delta t} = u_0 - \Delta t \dot{u}_0 + \frac{\Delta t^2}{2} \ddot{u}_0 \tag{9.5}$$

式中，u_0、$\dot{u}_0$ 和 $\ddot{u}_0$ 都可从初始条件获得。

通过分析式（9.3）可以得到以下结论：

（1）在对角矩阵 M 和 C 中，如果其中的某个有限元节点开始扰动，那么经过单位时间的步长以后，与之相关的节点也相应地运动，这与波的传播特点是一致的；

（2）需要通过一个极小单位的时间步长来研究波的传播，这同时也符合显示中心差分法的特征。

9.1.4　动态接触算法

在 LS-DYNA 程序中，碰撞问题和滑动接触问题可以使用三种算法进行计算分析，分别为动态约束法、分布参数法和罚函数法。动态约束法的算法很复杂，并且从面网格划分比主面细，某些主节点可以毫无约束地穿过从面，形成"扭结"现象；分布参数法主要是用来处理接触面具有相对滑移而不可分开的问题，因此在结构计算中用处不大；罚函数法由于方法原理简单、易编程、沙漏效应很少被激起、数值噪声消除等优点而被 LS-DYNA 程序广泛采用。

罚函数法是利用在每个固定的单位时间步长内，通过检查每个从节点是否穿透了主面的基本原理来求解撞击过程中的相关数值。若没有穿透主面，则不用做处理；反之，则在该从节点与被穿透主面之间引入一个比较大的界面接触力——罚函数值。该数值大小与穿透的深度、主面的刚度成正比。在物理上相当于在从节点和被穿透主面之间放入一个法向弹簧来阻止它们之间的穿透。罚函数法的不足之处就是求解过程中的撞击力、撞击速度、撞击加速度都存在振荡现象，其振荡的程度和所取的罚函数值有关，可以通过减小时间步长等一系列的方法进行相应的控制。

9.2　冻土单轴冲击加载试验

试验装置采用直径 30mm 的霍普金森压杆，对 $-5℃$、$-15℃$ 和 $-25℃$ 的冻土试样分别进行三种不同加载应变率的试验，应变率分别为 $500s^{-1}$、$750s^{-1}$ 和 $950s^{-1}$。数据处理系统将会输出入射波、反射波和透射波图形，通过二波法的处理，得到的试验应力-应变曲线如图 9.2 所示。

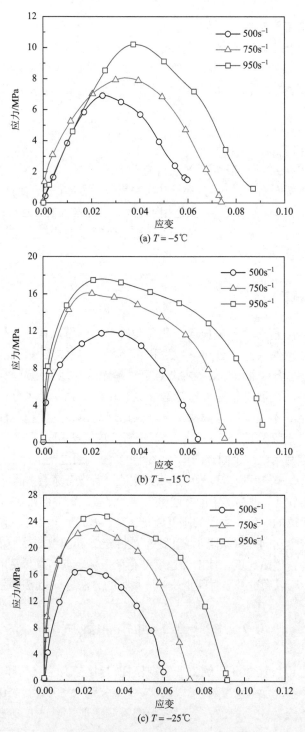

图 9.2　不同应变率下冻土的应力-应变曲线

　　图 9.2（a）、（b）和（c）的试验温度分别为-5℃、-15℃和-25℃，从图中可以看出，所有曲线的形状基本上都是先上升后下降，有一个应力峰值，体现出了冻土的脆性特征。另外，冻土在不同的温度、不同的加载应变率试验条件下，破碎形状也不同，表 9.1 为不同温度的冻土在不同加载应变率下的破碎状态。

表 9.1　冻土试样冲击加载后的破碎状态

温度	冲击加载后试样的破碎状态		
-5℃	500s⁻¹	750s⁻¹	950s⁻¹
-15℃	500s⁻¹	750s⁻¹	950s⁻¹
-25℃	500s⁻¹	750s⁻¹	950s⁻¹

　　从表 9.1 中可以直观地看到，应变率越大，冻土的破碎程度越严重，破坏碎块数目越多，碎块越小。冻土的破坏是由内部裂纹的萌生扩展引起的，子弹的冲击速度越大，应变率越大，应力波作用到试样上，试样的变形速度就会越快，裂纹来不及进行充分扩展，所以同时扩展的裂纹数目就会越多，试样也就变得越碎。

9.3　HJC 材料模型

HJC 损伤本构模型[119]的特点是能够反映冻土等脆性材料损伤失效的动态响应，其表达式如下：

$$\sigma^* = [A(1-D) + Bp^{*N}](1 + C\ln\dot{\varepsilon}^*) \tag{9.6}$$

式中，A、B 为归一化强度；N、C 分别为压力硬化指数和应变率系数；$\sigma^*(=\sigma/f_c')$ 为归一化等效应力，是真实等效强度与准静态单轴抗压强度之比；$P^*(=P/f_c')$ 为归一化静水压力；$\dot{\varepsilon}^*$ 为真实应变率除以参考应变率 $\dot{\varepsilon}_0$ 得到的无量纲应变率；D 为损伤因子，由塑性应变累积而成，包括等效塑性应变和塑性体应变两部分，由式（9.7）确定，即

$$D = \sum \frac{\Delta\varepsilon_p + \Delta\mu_p}{\varepsilon_p^f + \mu_p^f} \tag{9.7}$$

其中，$\Delta\varepsilon_p$ 为等效塑性应变增量；$\Delta\mu_p$ 为塑性体积应变增量；ε_p^f 和 μ_p^f 分别为常压下冻土破碎时等效塑性应变和塑性体积应变。

P 为实际静水压力，由图 9.3 所示状态方程曲线确定。

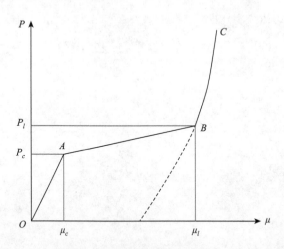

图 9.3　静水压力-体积应变曲线

第一阶段：弹性压缩区（OA 段），满足 $P = K\mu$，K 为体积模量。

第二阶段：压实变形区（AB 段），冻土内部孔隙被逐渐压碎，周围材料继续填充，产生塑性体积损伤，满足 $P = K'\mu$，其中 $K' = (P_l - P_c)/(\mu_l - \mu_c)$。

第三阶段：密实后变形区（BC 段），冻土内部已完全压碎密实，满足 $p = K_1\mu + K_2\mu^2 + K_3\mu^3$，其中 K_1、K_2 和 K_3 为材料常数。

HJC 模型主要是压缩损伤模型，对于像冻土这种脆性材料，它的拉伸损伤模拟需要进行进一步的修改，在本章中，添加了体积应变失效准则。在求解器生成的 K 文件中，添加 ADD_EROSION 失效体积应变准则，失效应变取 0.005。

文献[119]给出了 HJC 本构模型的全部原始参数，如表 9.2 所示。

表 9.2　HJC 本构模型的原始参数

参数	$\rho_0 /(\mathrm{kg/m^3})$	G/Pa	f_c'/Pa	A	B	C	N
取值	2.4×10^3	1.486×10^{10}	4.8×10^7	0.79	1.60	0.007	0.61
参数	$S_{\max}$	D_1	D_2	$\varepsilon_{f_{\min}}$	T/Pa	P_c/Pa	μ_c
取值	7.0	0.04	1.0	0.01	4×10^6	1.6×10^7	0.001
参数	P_l/Pa	μ_l	K_1/Pa	K_2/Pa	K_3/Pa	$\dot{\varepsilon}_0$	f_s
取值	8×10^7	0.1	8.5×10^{10}	-1.71×10^{11}	2.08×10^{11}	1×10^{-6}	0.004

9.4　动态单轴冲击加载试验数值模拟的建立

根据冻土的应变率效应、温度效应及最终破坏形式，选择 HJC 模型来模拟冻土的单轴 SHPB 冲击加载试验。

9.4.1　有限元模型的建立

有限元模型由四部分组成，即子弹、入射杆、透射杆和试样，为了和试验结果相比较，杆件同样采用 ϕ30mm 的圆柱杆件，冻土试件也采用直径 30mm、高 18mm 的圆柱体模型。有限元模型如图 9.4 所示。

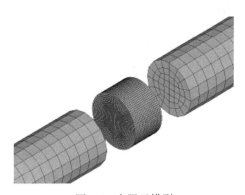

图 9.4　有限元模型

有限元模型网格划分时，采用映射网格划分，适合波的传播和动态接触计算，杆件的网格尺寸为 4mm，冻土试件为研究的主要部分，考虑到计算量及准确性，网格尺寸为 1mm。杆件和试样都选用 solid164 实体单元，采用单面自动接触，忽略装置之间的摩擦。

9.4.2 材料参数的选取

杆件的材料和试验中所采用的材料一致，杆件采用线弹性模型，参数如表 9.3 所示。

表 9.3 杆件线弹性模型参数

装置	密度/(kg/m³)	弹性模量 GPa	泊松比
子弹	8000	195	0.30
入射杆与透射杆	2100	72	0.30

对于冻土试样，采用 HJC 模型，在 LS-DYNA 软件程序中，HJC 模型的编号为 111，总共含有 21 个参数，分为材料基本参数，包括密度 ρ_0、剪切模量 G、静态抗压强度 f_c'、抗拉强度 T；强度参数，包括 A、B、C、N、S_{max}；损伤参数，包括 D_1、D_2、$\varepsilon_{f_{min}}$；压力参数，包括 P_c、μ_c、P_l、μ_l、K_1、K_2、K_3；参考应变率 $\dot{\varepsilon}_0$ 和失效类型 f_s。

在本章所做的试验中，冻土的温度是一个变量，四个冻土基本参数中，剪切模量 G 对冻土的温度最为敏感，其余三个基本参数随温度的变化可以忽略不计，因此在本章的数值模拟参数中，G 不是固定值，而是随着温度变化而变化的值。密度 ρ_0 取 2100kg/m³，根据已有的试验数据[20, 120]，静态抗压强度 f_c' 取 9.0MPa，抗拉强度 T 取 0.3MPa。G 随着冻土温度的不同，取值范围为 500～2500MPa。

将原始参数作为基准参数集，对各参数进行敏感性分析，分析某个参数时，令其余各参数基准值固定不变，而后令这个参数在可能的范围内变动，若它的微小变化能引起整个结果较大的变化，则这个参数为模型的敏感参数。通过反复模拟试验，总结出对于冻土材料，A、B、C 和 N 为 HJC 模型的敏感参数。此外，需探讨敏感参数对本构模型的影响，以便为数据拟合提供理论依据和参考指导。因为是用二波法处理数据，杆件与冻土试样的横截面积相同，所以最终应力曲线的变化趋势为透射波应力的变化趋势，为了减少计算量，只需研究透射波的变化即可。

在其余参数不变的基础上，单独改变 A 的大小，透射波的变化如图 9.5 所示。

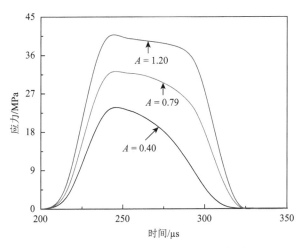

图 9.5　A 取不同值时所对应的透射波

　　由图 9.5 可以看出，随着参数 A 的增大，峰值应力也不断增大，并且上升段也变陡峭，下降段变平缓，波形略有不同。这是因为 A 为内聚力强度，A 越大，即内聚力越大，峰值应力也就越大。

　　再单独改变参数 B 的大小来分析其对透射波的影响，透射波的变化如图 9.6 所示。

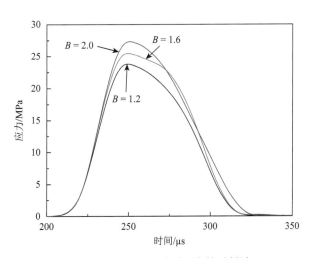

图 9.6　B 取不同值时所对应的透射波

　　由图 9.6 可以看出，峰值应力随着参数 B 的增大而增大，并且其弹性阶段是完全重合的，在屈服点开始变化，B 越大，上升阶段越陡峭，最终的下降阶段也基本重合。参数 B 只能改变峰值大小，并不能改变波形形状。这是因为参数 B 是标准化应力硬化系数，是屈服面方程中压力项前的正比例参数，它能够决定屈服面方程中压力项所占的比例。

　　保持其他参数不变，单独改变 N 的大小，透射波的变化如图 9.7 所示。

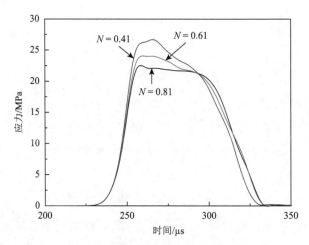

图 9.7　N 取不同值时所对应的透射波

　　由图 9.7 可以看出，弹性阶段基本重合，在塑性阶段，随着 N 的增大，上升斜率逐渐降低，峰值应力逐渐减小，并且波形会有不同，波形宽度会逐渐增宽。

　　其他参数不变，单独改变 C 的大小，透射波的变化如图 9.8 所示。

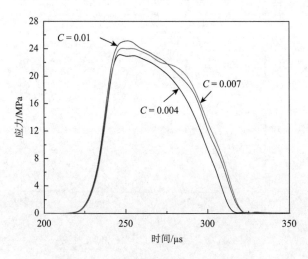

图 9.8　C 取不同值时所对应的透射波

　　从图 9.8 中可以看出，三条曲线的弹性阶段是基本重合的，屈服上升阶段的斜率也基本一致，随着应变率系数 C 的增大，只是峰值应力增大，下降阶段也没有明显的规律，所以应变率系数 C 只能改变峰值的大小，对整个波形的形状不会产生影响。

通过对 HJC 敏感参数的分析，得到了参数对最终波形曲线的影响关系。调整 A 和 B 可以改变峰值的大小，N 能改变峰值大小和脉冲宽度，C 能改变应变率的效果。根据这些参数的影响及试验结果，得到 $A=1.2$、$B=0.5$、$C=0.012$、$N=1.0$，至此，冻土 HJC 模型的参数如表 9.4 所示。

表 9.4　修改后的 HJC 模型参数

参数	$\rho_0 /(\mathrm{kg/m^3})$	G/Pa	f_c'/Pa	A	B	C	N
取值	2.1×10^3	2×10^9	9×10^6	1.2	0.5	0.012	1.0
参数	$S_{\max}$	D_1	D_2	$\varepsilon_{f_{\min}}$	T/Pa	P_c/Pa	μ_c
取值	7.0	0.04	1.0	0.01	3×10^5	1.6×10^7	0.001
参数	P_l/Pa	μ_l	K_1/Pa	K_2/Pa	K_3/Pa	$\dot{\varepsilon}_0$	f_s
取值	8×10^7	0.1	8.5×10^{10}	1.71×10^{11}	2.08×10^{11}	1×10^{-6}	0.004

其中，值得注意的是剪切模量 G，冻土的剪切模量对温度极其敏感，它随负温的降低而急剧增大，是决定冻土性能非常重要的影响因素，本章做了三种温度的冻土试验，根据已有的试验数据，当冻土温度为–5℃时，G 为 500MPa；温度为–15℃时，G 为 1500MPa；温度为–25℃时，G 为 2500MPa。

9.5　数值模拟的结果及分析

9.5.1　重构应力-应变曲线

将入射波、反射波和透射波用二波法进行处理，重构应力-应变曲线，与 SHPB 试验所得曲线进行对比。第一组为冻土在确定的温度下，通过改变冲击速度来改变试验的加载应变率，并对试验曲线和数值模拟的应力-应变曲线进行比较，带符号的曲线为试验曲线，不带符号的曲线为数值模拟曲线，如图 9.9 所示。

从图 9.9 可以看出，峰值应力和最终应变都拟合得较好，都随着应变率的增大而增大。这和冻土内部的结构有关，冻土中的冰为脆性材料，在高应变率冲击加载条件下，冰晶体的损伤、破坏起主导作用，应变率越高，裂纹同时扩展得就越多，能量吸收得就越多，所以其峰值和最终应变都会越大，即表现出明显的应变率效应。

第二组为确定的冲击加载速度，即确定的冲击加载应变率，改变冻土的试验温度，并对试验曲线和数值模拟的应力-应变曲线进行对比，带符号的曲线为试验曲线，不带符号的曲线为数值模拟曲线，如图 9.10 所示。

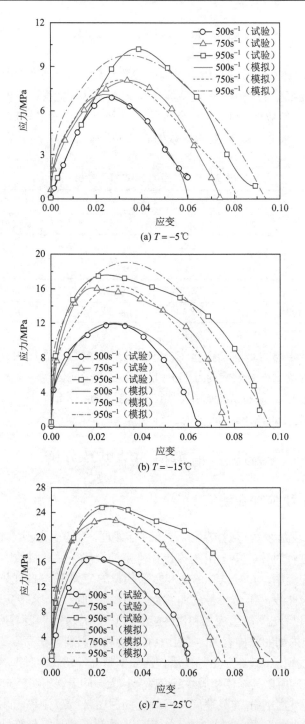

图 9.9　不同应变率下试验曲线和数值模拟曲线的比较

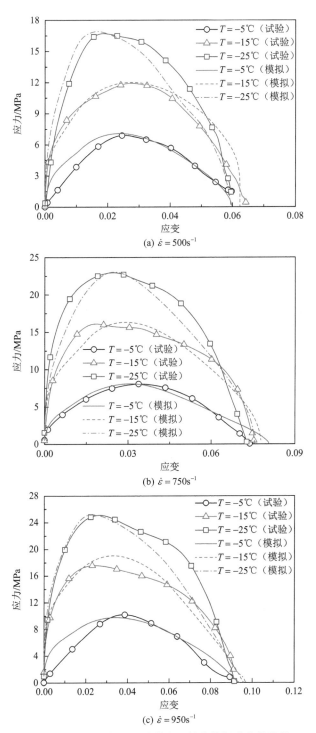

(a) $\dot{\varepsilon} = 500\text{s}^{-1}$

(b) $\dot{\varepsilon} = 750\text{s}^{-1}$

(c) $\dot{\varepsilon} = 950\text{s}^{-1}$

图 9.10　不同温度下试验曲线和数值模拟曲线的比较

由图 9.10 可以看出，曲线的整体趋势拟合较好，峰值应力随着温度的降低而增大，最终应变基本一致，呈现出明显的应变汇聚现象。温度越低，冻土中冰的含量就越大，即抗压能力也就越强，呈现出明显的温度效应。

9.5.2 均匀性分析

关于试样应力均匀性的量度，方法不尽相同，不同的文献采用了不同的方法。目前，普遍比较认同的是采用试样两端应力差与其平均值之比进行量度，用 α_k 表示，其公式如下[121, 122]：

$$\alpha_k = \frac{\Delta \sigma_k}{\bar{\sigma}_k} \times 100\% \tag{9.8}$$

式中，$\Delta \sigma_k$ 为试样两端面应力差；$\bar{\sigma}_k$ 为两端面应力的平均值；α_k 为相当比值，越接近于 0，说明试样应力均匀性越好，一般情况下，近似地认为 $|\alpha_k| \leqslant 5\%$ 时，试样中的应力分布即达到应力均匀性要求。另外，引入无量纲升时 t_r'，其表达式如下：

$$t_r' = \frac{t_r}{\tau_s} \tag{9.9}$$

式中，t_r 为入射波前沿升时；τ_s 为应力波沿加载方向从试样前端面（靠近入射杆）传播至后端面（靠近透射杆）所需的时间。图 9.11 为应变率为 950s^{-1}、冻土温度为 –15℃情况下，升时和试样应力均匀性的关系。

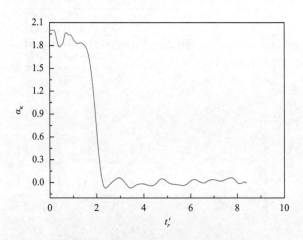

图 9.11　试样应力均匀性变化时程曲线

由图 9.11 可以看出，在 $t'_r = 1$ 附近急剧振荡，随后靠近零的速度加快；$t'_r \geqslant 2$ 时，振荡逐渐减小；$t'_r \geqslant 3$ 时，曲线基本稳定，并且整体水平与零较接近，可以认为试样达到了应力均匀状态。

9.5.3　冻土内部受力情况研究

沿着冻土试样的某一竖轴平均取六个点，竖轴距离圆心 0.8cm，六个点位置的示意图如图 9.12 所示。

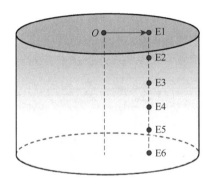

图 9.12　冻土试样内部六个点位置的示意图

图 9.12 中 E1 为冻土试样前端面上的点，E6 为后端面上的点，则六个点的应力-时间曲线如图 9.13 所示。

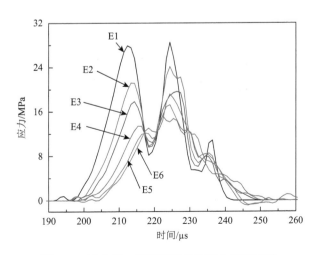

图 9.13　冻土某一竖轴不同点的应力-时间曲线

由图 9.13 可以看出，所有的曲线都会有一个应力值下降而后又上升的趋势，这是应力波传到试样后端面进行了反射的结果。大约在 192μs 时刻 E1 点首先受到波的作用，并且振荡的第一个峰值明显比其他点大很多，这是由于它在前端面，具有不稳定性。在 195μs 时刻，E2 点受到波的作用，依次向后端面传播，E6 点最晚受到波的作用，大约是在 200μs 时刻，能明显看到波从前端面向后端面的传播过程。

9.5.4　冻土冲击破坏模式

冻土在 SHPB 试验中破坏的过程为微秒级，一般情况下很难观察到冲击加载的破坏过程，即使使用高速摄像仪，也只能大致观察到冻土的外表面破坏情况，而对于冻土内部的情况，无法获知具体的破坏过程。在 LS-DYNA 数值模拟中，可以采取切片的形式来详细观测冻土整体的破坏过程及破坏模式。根据数值模拟结果，可以把破坏过程分为三个阶段：第一阶段为试样破坏前，冲击波在试样中来回反射达到应力均匀阶段；第二阶段为裂纹形成阶段；第三阶段为试样压碎阶段。

图 9.14 为第一阶段，试样在破坏前，应力波在试样中达到应力均匀。将试样进行切片分析，以便能够看清冻土内部的应力分布，从左到右依次是该时刻试样前端面到后端面的切片云图。

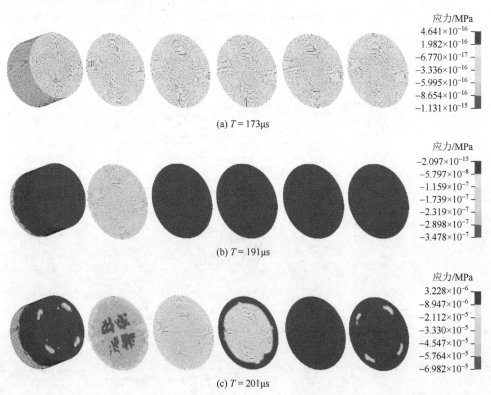

(a) T = 173μs

应力/MPa
4.641×10⁻¹⁶
1.982×10⁻¹⁶
−6.770×10⁻¹⁷
−3.336×10⁻¹⁶
−5.995×10⁻¹⁶
−8.654×10⁻¹⁶
−1.131×10⁻¹⁵

(b) T = 191μs

应力/MPa
−2.097×10⁻¹⁵
−5.797×10⁻⁸
−1.159×10⁻⁷
−1.739×10⁻⁷
−2.319×10⁻⁷
−2.898×10⁻⁷
−3.478×10⁻⁷

(c) T = 201μs

应力/MPa
3.228×10⁻⁶
−8.947×10⁻⁶
−2.112×10⁻⁵
−3.330×10⁻⁵
−4.547×10⁻⁵
−5.764×10⁻⁵
−6.982×10⁻⁵

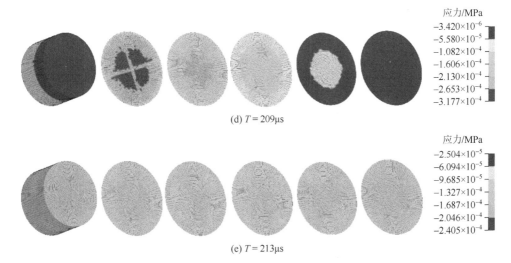

(d) $T = 209\mu s$

(e) $T = 213\mu s$

图 9.14　冻土内部应力分布云图

　　图 9.14（a）为试样在受到冲击波之前，试样不受力，整体为平衡状态；图 9.14（b）为应力波刚刚接触到试样，试样前端面受到压力，压力向后端面传播，后端面不受力；图 9.14（c）为应力波刚刚到达后端面进行反射，后端面受到拉力的作用；经过图 9.14 中（d）到（e）的过程，试样内部各处的应力基本趋于相同，可以认为试样达到了应力均匀状态。

　　为了更直观地看清应力波在试样中的传播过程，按照图 9.12，沿着杆件的纵向在冻土试样均匀取六个点，其中 E1 为试样前端面上的点，E6 为后端面上的点，分析六个点的应力值，如图 9.15 所示。

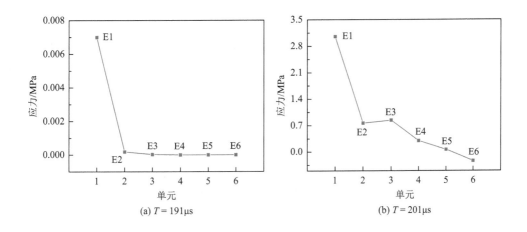

(a) $T = 191\mu s$

(b) $T = 201\mu s$

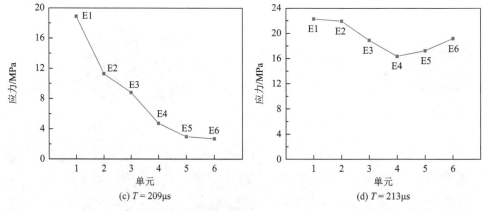

(c) $T = 209\mu s$　　　　　　　　　　(d) $T = 213\mu s$

图 9.15　试样中不同选取点的应力值比较

图 9.15（a）中，E1 的应力值明显大于其他点的应力值，这时前端面刚刚受到应力波的作用；图 9.15（b）中，E6 点的应力值变为负值，说明应力波传到后端面发生了反射，对后端面起到了拉伸作用；图 9.15（c）中，六个应力值呈现逐渐递减的趋势，体现了应力波从试样的前端面向后端面传播的过程；经过一段时间的反射，试样达到了应力均匀状态，如图 9.15（d）所示，六个点的应力值基本相同。

试样内部应力均匀后，随着应力波的传播，试样受到的应力也逐渐增大，将进行第二阶段，如图 9.16 所示。

由于边界效应，前后两个端面受到的力最大，试样侧面为自由面，压缩波在侧面进行反射形成拉伸波，虽然拉伸强度不大，但由于冻土本身的抗拉强度很小，四周最先发生破坏，在图 9.16（a）、（b）之后，两个端面的破坏将沿着外沿面和中部进行扩展，如图 9.16（c）～（f）所示，逐渐贯通整个试样，形成较大的碎块。

大的裂纹已经形成，如果加载应变率较高，试样将会继续发生破坏，会压碎成更小、数量更多的碎块，即第三阶段压碎阶段，如图 9.17 所示。

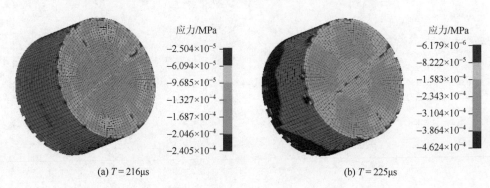

(a) $T = 216\mu s$　　　　　　　　　　(b) $T = 225\mu s$

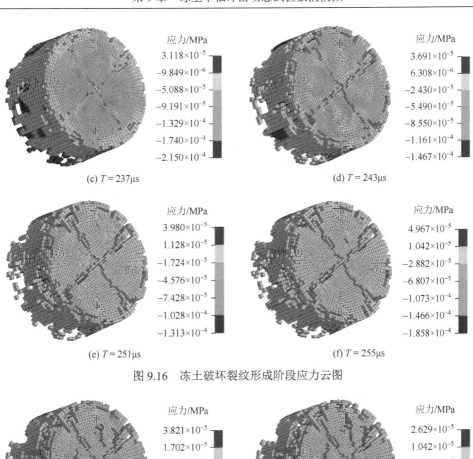

应力/MPa
(c) $T = 237\mu s$

应力/MPa
(d) $T = 243\mu s$

应力/MPa
(e) $T = 251\mu s$

应力/MPa
(f) $T = 255\mu s$

图 9.16　冻土破坏裂纹形成阶段应力云图

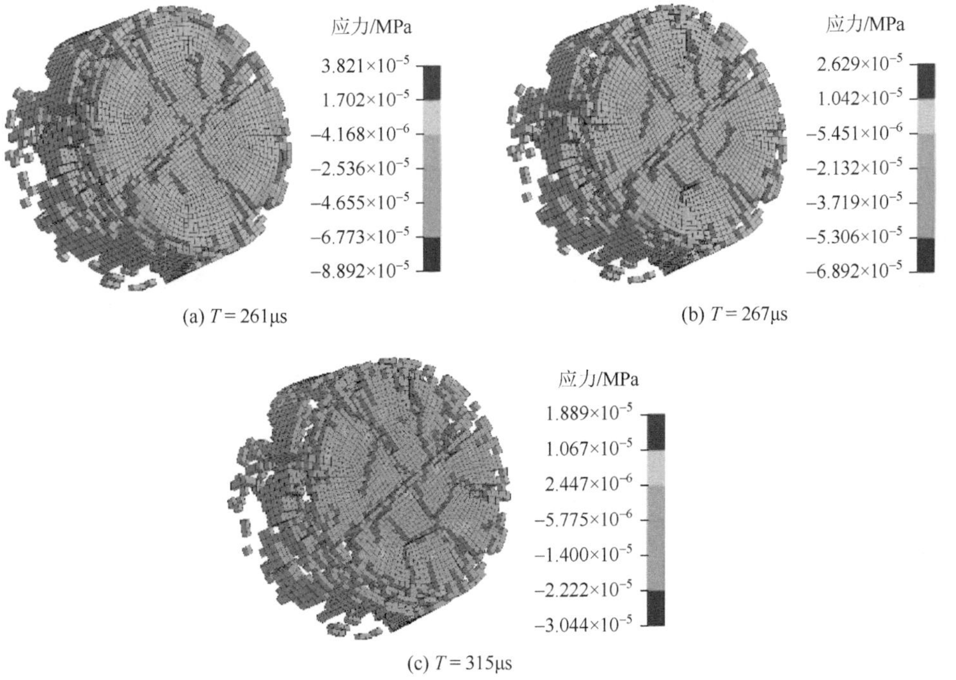

应力/MPa
(a) $T = 261\mu s$

应力/MPa
(b) $T = 267\mu s$

应力/MPa
(c) $T = 315\mu s$

图 9.17　试样压碎阶段应力云图

　　冲击速度越大，加载应变率越高，则试样碎块越多越小，和试验结果相吻合。

9.6　本　章　小　结

　　本章利用直径为30mm的SHPB试验装置，对冻土进行了不同工况下的冲击动态加载试验，并利用LS-DYNA数值模拟软件，研究了冻土内部应力的传播过程以及其破坏特性。

　　（1）借助HJC模型，对冻土受冲击加载下的动态力学性能进行了数值模拟，验证了冻土冲击动态加载下的应变率效应和温度效应。此外，探究了HJC模型中敏感参数的变化对计算结果产生的影响，有利于更合理地确定模型的参数。

　　（2）通过数值模拟得到了冻土冲击动态应力-应变曲线，并与相应的试验曲线进行了对比，曲线拟合良好；同时验证了冻土试样的应力均匀性，选取冻土试样内部的不同点（某一竖轴上选取不同的点），研究了其应力-时间曲线，每个截面的应力值在破坏之前达到应力平均，并且体现了应力波在试样内部的传播过程。

　　（3）通过数值模拟，反映出冻土的冲击动态加载破坏过程可大致分为三个阶段，即应力均匀阶段、裂纹产生阶段及最后的压碎阶段；并且冲击加载应变率越大，最后试样破碎得越严重，即碎块越小越多，这与试验结果是一致的。

第 10 章　冻土围压冲击动态试验数值模拟

相比于冻土的单轴冲击压缩试验，在实际工程应用中，冻土在围压下受到的冲击压缩更为广泛。基于已有的研究，利用直径 30mm 的 SHPB 装置对三种不同温度的冻土试样分别进行三种不同加载应变率的被动围压冲击试验，分析温度、加载应变率和围压对冻土动态力学性能的影响。利用 LS-DYNA 软件程序，对试验进行数值模拟分析，研究其应变率效应、温度效应和围压效应；对被动围压装置的弹性模量和厚度对围压试验的影响进行分析讨论；去掉被动围压装置，通过直接在试样径向施加固定力的方法，模拟主动围压，研究主动围压对冻土冲击压缩试验产生的影响。

10.1　冻土被动围压冲击加载试验

使用的冻土试样同单轴压缩试验时的一样，同样是直径为 30mm、高为 18mm 的圆柱体，被动围压装置使用 45 钢制套筒，将制好的土试样放入套筒中，套筒内径为 30mm，外径为 40mm，长度为 40mm，如图 10.1 所示。

图 10.1　钢制套筒及土试样

为了保温，在冲击加载试验前，钢制套筒与土试样一同冷冻。在本次试验中，冻土温度选取–3℃、–13℃和–28℃三个负温，分别进行应变率 900s⁻¹、1300s⁻¹、1500s⁻¹的被动围压冲击压缩试验，不同温度和应变率下，冻土在被动围压冲击加载试验下获得的应力-应变曲线如图 10.2 所示。

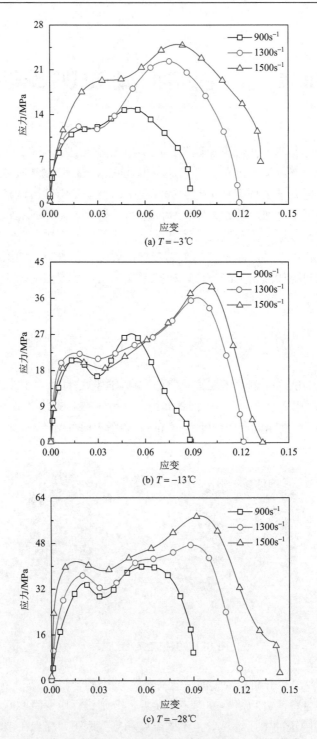

图 10.2　被动围压冲击加载试验下冻土的应力-应变曲线

图 10.2（a）、（b）和（c）的试验温度分别为–3℃、–13℃和–28℃，从图 10.2 中可以看出，所有的曲线都有一个先小幅度下降再上升的过程，整个过程可以分成四段：①刚开始的线弹性阶段；②随着应力波的传播，冻土内部的空隙被破坏，导致冻土的强度降低，应力值出现小幅度的下降，即屈服阶段；③由于钢制套筒的存在，围压的作用使得冻土的内部孔洞密实，其所承受的强度进一步增大，应变率越大，密实的程度越大，应力峰值也就越大，即屈服后的塑性强化阶段；④卸载阶段。

10.1.1　应变率效应研究

对于–3℃的冻土，加载应变率分别为 $900s^{-1}$、$1300s^{-1}$ 和 $1500s^{-1}$ 时，峰值应力分别为 14.96MPa、22.32MPa、24.92MPa，最终应变分别为 0.0886、0.119、0.133；对于–13℃的冻土，加载应变率分别为 $900s^{-1}$、$1300s^{-1}$ 和 $1500s^{-1}$ 时，峰值应力分别为 27.13MPa、35.97MPa、39.67MPa，最终应变分别为 0.0876、0.121、0.132；对于–28℃的冻土，加载应变率分别为 $900s^{-1}$、$1300s^{-1}$ 和 $1500s^{-1}$ 时，峰值应力分别为 39.95MPa、47.40MPa、57.54MPa，最终应变分别为 0.0895、0.119、0.138。冻土的峰值应力如表 10.1 所示，最终应变如表 10.2 所示。

表 10.1　冻土峰值应力值（单位：MPa）

温度	应变率		
	$900s^{-1}$	$1300s^{-1}$	$1500s^{-1}$
–3℃	14.96	22.32	24.92
–13℃	27.13	35.97	39.67
–28℃	39.95	47.40	57.54

表 10.2　冻土最终应变值

温度	应变率		
	$900s^{-1}$	$1300s^{-1}$	$1500s^{-1}$
–3℃	0.0886	0.119	0.133
–13℃	0.0876	0.121	0.132
–28℃	0.0895	0.119	0.138

为了更清晰地研究冻土在被动围压冲击加载试验中的力学性能随应变率的变化，分别作出冻土在三个温度下的峰值应力和最终应变随应变率变化的曲线，如图 10.3 和图 10.4 所示，其中直线为散点的线性拟合结果。

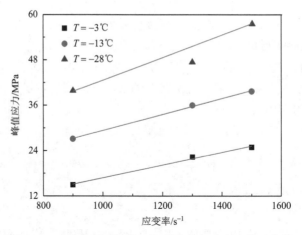

图 10.3　冻土在不同温度下的峰值应力-应变率关系曲线

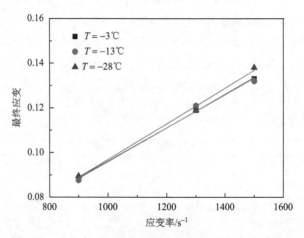

图 10.4　冻土在不同温度下的最终应变-应变率关系曲线

　　由图 10.3 可以看出，冻土在被动围压冲击加载试验中表现出了明显的应变率效应，即温度相同时，峰值应力随着应变率的增大而增大；由图 10.4 可以看出，被动围压冲击加载后，冻土的最终应变随着应变率的增大而增大，三条曲线在允许的误差范围内基本是重合的，同样的温度和应变率加载条件下，应力-应变曲线的最终应变基本一致，说明最终应变与应变率有关，与温度无关。

10.1.2　温度效应研究

　　冻土温度作为本章研究的一个变量，对冻土的动态力学性能有很大的影响，为了便于分析温度对冻土在冲击加载试验中的影响，将冻土在温度不同、应变率相同的试验条件下的应力-应变曲线绘制到一幅图中，如图 10.5 所示。

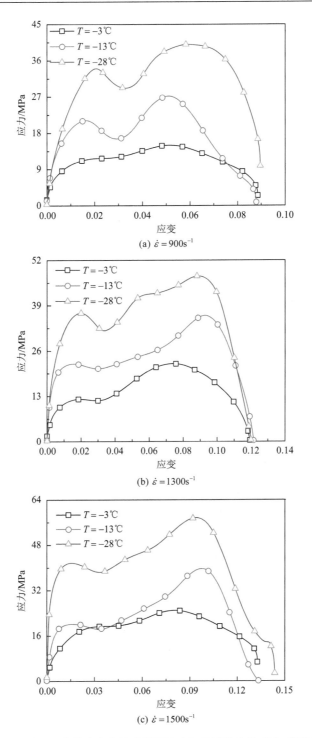

图 10.5　不同温度的冻土在被动围压冲击加载试验中的应力-应变曲线

图 10.5（a）、（b）和（c）的冲击加载应变率分别为 900s^{-1}、1300s^{-1} 和 1500s^{-1}，应变率为 900s^{-1} 时，–3℃、–13℃和–28℃的峰值应力分别为 14.96MPa、27.13MPa、39.95MPa；应变率为 1300s^{-1} 时，–3℃、–13℃和–28℃的峰值应力分别为 22.32MPa、35.97MPa、47.40MPa；应变率为 1500s^{-1} 时，–3℃、–13℃和–28℃的峰值应力分别为 24.92MPa、39.67MPa、57.54MPa，如表 10.3 所示。

表 10.3　冻土峰值应力值　　　　　　　单位：MPa

应变率	温度		
	–3℃	–13℃	–28℃
900s^{-1}	14.96	27.13	39.95
1300s^{-1}	22.32	35.97	47.40
1500s^{-1}	24.92	39.67	57.54

为了更清晰地研究冻土随温度的变化，分别作出三个应变率下冻土的峰值应力随温度变化的曲线，如图 10.6 所示，其中直线为散点的线性拟合结果。

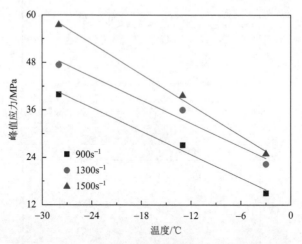

图 10.6　冻土在不同应变率下的峰值应力-温度关系图

由图 10.6 可以看出，冻土在被动围压冲击加载条件下表现出了明显的温度效应，即加载应变率相同时，冻土的温度越低，其峰值应力越大；并且加载应变率越大，其温度效应越明显。

10.1.3　与单轴冲击试验对比

为了对冻土动态力学性能进行进一步的研究，开展相同条件下冻土的单轴冲击动态加载试验，以冻土温度为-28℃，加载应变率为 1300s^{-1} 为例，被动围压与单轴冲击试验的应力-应变曲线的对比如图 10.7 所示。

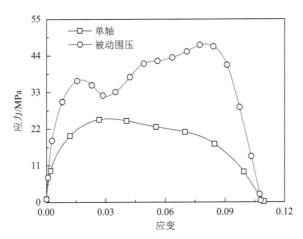

图 10.7　被动围压与单轴冲击试验的应力-应变曲线对比

由图 10.7 可以看出，相同试验条件下，被动围压冲击加载下的峰值应力大概是单轴冲击加载下的 2~3 倍，体现了冻土的围压效应，但是最终应变基本一致。

10.2　冻土被动围压冲击加载试验数值模拟

基于已有的研究，本章利用 LS-DYNA 软件程序，对已有的冻土在被动围压下的冲击压缩试验进行数值模拟，研究其应变率效应和温度效应。

10.2.1　有限元模型的建立

有限元模型由五部分组成：子弹、入射杆、透射杆、试样和钢制套筒。为了和试验结果相比较，杆件材料的尺寸和试验装置尺寸大小相同，冻土试样也采用直径 30mm、高 18mm 的圆柱体模型，钢制套筒内径 30mm、外径 40mm、长度 40mm，冻土试样和套筒的有限元模型如图 10.8 所示。网格划分时，采用映射网格划分，适合波的传播和动态接触计算，杆件的网格尺寸为 4mm，冻土试样和套筒为研究的主要部分，考虑到计算量及准确性，网格尺寸为 1mm。杆件和试样都选用 solid164 实体单元，采用单面自动接触，忽略装置之间的摩擦。

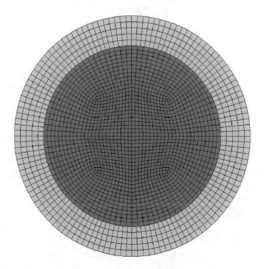

图 10.8　冻土试样和套筒的有限元模型

10.2.2　材料参数的选取

为了和试验结果相对比，杆件和套筒的材料参数一致，均采用线弹性模型，如表 10.4 所示。

表 10.4　试验装置材料模型参数

装置	密度/ (kg/m³)	弹性模量/ Pa	泊松比
子弹	8.00×10^3	1.95×10^{11}	0.30
入射杆与透射杆	2.10×10^3	7.00×10^{10}	0.30
套筒	7.80×10^3	2.10×10^{11}	0.30

对于冻土试样，根据冻土的应变率效应、温度效应及最终破坏形式，仍旧选取 HJC 材料模型来模拟冻土在被动围压冲击加载下的试验。虽然和单轴冲击试验时的冻土试样是同种材料，但是由于被动围压的试验加入了钢制套筒，可能会有某些参数虽然对冻土在单轴下的冲击试验不敏感，但是会对冻土在被动围压下的冲击试验敏感，仍旧需要重新对各个参数进行敏感性分析。通过反复模拟试验，总结出对于此试验，A、B、N、μ_l 和 P_l 为 HJC 模型的敏感参数。将原始参数的密度 ρ_0、剪切模量 G、静态抗压强度 f'_c 和抗拉强度 T 改为冻土的材料参数值，在其余参数不变的基础上，单独改变 A 的大小，透射波的变化如图 10.9 所示。

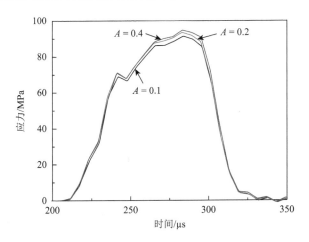

图 10.9　A 取不同值时所对应的透射波

由图 10.9 可以看出，随着参数 A 的增大，峰值应力也不断增大，但是上升阶段和下降阶段基本重合，只能改变峰值大小，不能改变波的形状。这是因为 A 为内聚力强度，A 越大，内聚力越大，峰值应力也就越大。

单独改变参数 B 的大小来分析其对透射波的影响，透射波的变化如图 10.10所示。

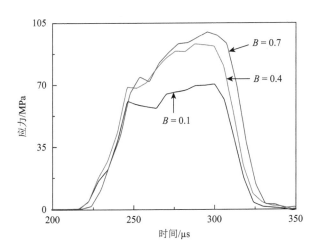

图 10.10　B 取不同值时所对应的透射波

由图 10.10 可以看出，弹性阶段基本重合，在塑性阶段，B 越大，曲线上升趋势越明显，峰值应力随着参数 B 的增大而增大，并且 B 越大，它的敏感性越低。

这是因为参数 B 是标准化应力硬化系数,是屈服面方程中压力项前的正比例参数,能够决定压力项在屈服面方程中所占的比例。

其他参数不变,单独改变 N 的大小,透射波的变化如图 10.11 所示。

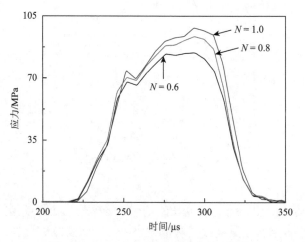

图 10.11　N 取不同值时所对应的透射波

由图 10.11 可以看出,弹性阶段基本重合,随着 N 的增大,峰值逐渐增大,并且上升沿也变陡峭,波形也稍有区别。

单独改变 μ_l 的大小,透射波的变化如图 10.12 所示。

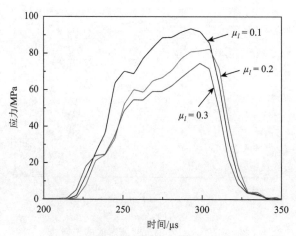

图 10.12　μ_l 取不同值时所对应的透射波

由图 10.12 可以看出,弹性阶段和下降段基本重合,压实点应变 μ_l 越大,峰值应力越小,且敏感性越低,波形的趋势基本是平行的,并不能改变波的形状。

单独改变 P_l 的大小，透射波的变化如图 10.13 所示。

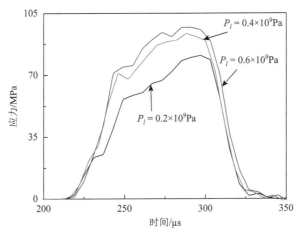

图 10.13　P_l 取不同值时所对应的透射波

由图 10.13 可以看到，弹性阶段和下降阶段基本重合，压实点压力 P_l 越大，峰值应力越大，且敏感性越高，波形的趋势基本上是平行的，并不能改变波的形状。

通过对 HJC 模型参数的敏感性分析，得到了敏感性参数对透射波的影响：A、μ_l、P_l 可以改变透射波峰值大小，B 和 N 不仅可以改变峰值大小，还对波的形状有一定的影响。根据这些参数对结果的影响以及试验结果，得到 $A=0.2$、$B=0.4$、$N=0.8$、$\mu_l=0.1$、$P_l=0.4\times10^9$。至此，冻土的 HJC 模型参数如表 10.5 所示。

表 10.5　修改后的 HJC 模型参数

参数	$\rho_0/(\mathrm{kg/m^3})$	G/Pa	f_c'/Pa	A	B	C	N
取值	2100	2.2×10^9	9×10^6	0.2	0.4	0.007	0.8
参数	$S_{\max}$	D_1	D_2	$\varepsilon_{f_{\min}}$	T/Pa	P_c/Pa	μ_c
取值	7.0	0.04	1.0	0.01	3×10^5	1.6×10^7	0.001
参数	P_l/Pa	μ_l	K_1/Pa	K_2/Pa	K_3/Pa	$\dot{\varepsilon}_0$	f_s
取值	0.4×10^7	0.1	8.5×10^{10}	1.71×10^{11}	2.08×10^{11}	1×10^{-6}	0.004

其中，值得注意的是剪切模量 G，冻土的剪切模量对温度极其敏感，随负温的降低而急剧增大，是冻土性能非常重要的影响因素，本章做了三种温度的冻土试验，根据已有的试验数据，当冻土温度为-3℃时，G 为 300MPa；温度为-13℃

时，G 为 1200MPa；温度为 −28℃时，G 为 2700MPa。

10.3　数值模拟结果及分析

10.3.1　重构应力-应变曲线

　　将入射波、反射波和透射波进行二波法处理，重构应力-应变曲线，与 SHPB 试验所得曲线进行对比，验证模型的可行性。第一组为冻土在确定的温度下，通过改变冲击速度来改变试验的加载应变率，重构的应力-应变曲线与试验应力-应变曲线的对比如图 10.14 所示。

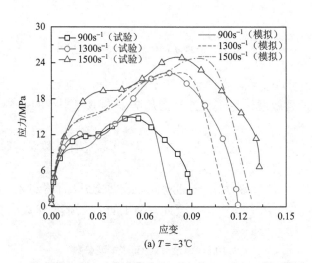

(a) $T = -3℃$

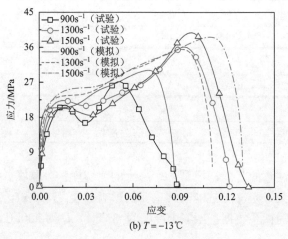

(b) $T = -13℃$

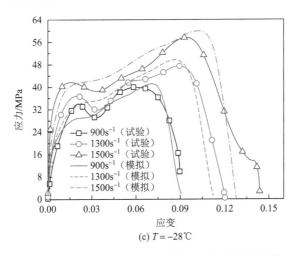

(c) $T = -28℃$

图 10.14　不同应变率下试验曲线和重构曲线的比较

图 10.14（a）、（b）和（c）分别是冻土在-3℃、-13℃和-28℃不同加载应变率下重构应力-应变曲线和试验曲线比较，温度和加载应变率相同的情况下，峰值应力和最终应变都拟合得较好。随着加载应变率的增大，冻土的峰值应力和最终应变都会增大，体现了明显的应变率效应。

第二组为确定的冲击加载速度，即确定的冲击加载应变率，改变冻土的试验温度，并对试验和数值模拟的应力-应变曲线进行对比，如图 10.15 所示。由图可以看出，曲线的整体趋势拟合较好，冻土强度随着温度的降低而增大，而最终应变基本一致，呈现出明显的应变汇聚现象。

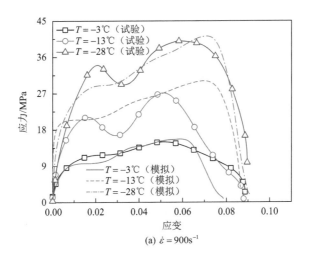

(a) $\dot\varepsilon = 900\mathrm{s}^{-1}$

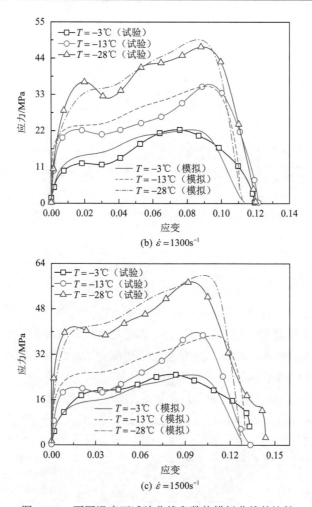

(b) $\dot{\varepsilon}=1300\mathrm{s}^{-1}$

(c) $\dot{\varepsilon}=1500\mathrm{s}^{-1}$

图 10.15 不同温度下试验曲线和数值模拟曲线的比较

10.3.2 与单轴冲击试验对比

在 LS-DYNA 软件程序中，将钢制套筒去掉，其他设置不变，以冻土温度为
-28℃、加载应变率为 $1300\mathrm{s}^{-1}$ 为例，被动围压与单轴冲击数值模拟重构的应力-应变
曲线与试验曲线的对比如图 10.16 所示。由图可以看出，无论是被动围压还是单
轴冲击加载条件下，数值模拟结果和试验结果拟合得都比较好。两者加载条件下
应力-应变曲线的形状略有不同，单轴冲击加载条件下，曲线只是上升后下降；而
被动围压条件下，曲线中间有一个下降再上升的过程，由于围压的存在，冻土的
空隙坍塌后变密实，所能承受的强度会增大，曲线也就会有一个再上升的过程。

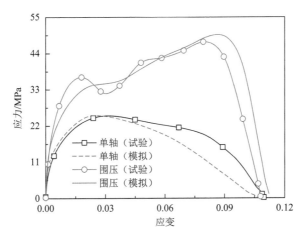

图 10.16　被动围压与单轴冲击数值模拟重构曲线与试验曲线的对比

10.3.3　围压套筒分析

为了更深入地了解套筒对冻土动态力学性能的影响，对套筒从弹性模量和厚度两个方面进行探讨分析，以便能为以后的试验装置提供进一步的指导。

首先是套筒弹性模量的分析。在冻土温度为$-28℃$、加载应变率为$1300s^{-1}$的条件下，其他参数保持不变，只改变套筒的弹性模量，套筒弹性模量的取值范围为$3\sim65GPa$。将被动围压条件与单轴条件下的峰值应力之比定义为增强系数δ，E_t / E_s为套筒弹性模量与试样弹性模量之比，则它对试样强度的影响如图 10.17 所示。

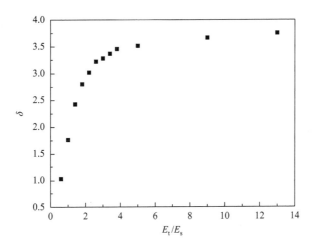

图 10.17　套筒弹性模量与试样弹性模量之比和 δ 的关系

由图 10.17 可以看出，当 $E_t / E_s < 3$ 时，增强系数随着套筒弹性模量的增大迅速增大，随后上升速度变慢；当 $E_t / E_s > 6$ 时，增强系数基本不变。分析认为，其他条件不变时，套筒的变形量随套筒的弹性模量的增大而减小，导致套筒对试样的约束变大，峰值应力也就随之增大，但不会一直增大，当套筒弹性模量大到一定程度时，套管变形量的改变基本可以忽略不计，应力的增强系数也就趋于稳定不再变化。

接下来是对套筒的厚度进行分析。在冻土温度为−28℃、加载应变率为 $1300s^{-1}$、套筒弹性模量为 7GPa 的条件下，改变套筒的厚度，取值范围为 1～11mm。α / r 为套筒厚度与试样半径之比，则它对试样强度的影响如图 10.18 所示。

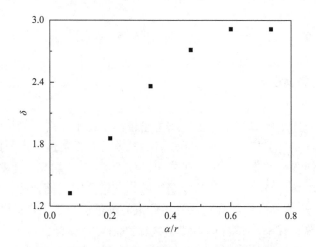

图 10.18　套筒厚度与试样半径之比和 δ 的关系

由图 10.18 可以看出，当 α / r 较小时，增强系数随着 α / r 的增大而明显增大；当 $\alpha / r > 0.6$ 时，增强系数基本不变。这是由于当套筒厚度较小时，它的径向变形量对套筒厚度比较敏感，超过一定的厚度，其径向变形量相对变化较小，增强系数也就趋于稳定。

10.3.4　主动围压对冻土冲击加载试验的影响

在钢制套筒约束下的冻土试样会受到被动围压的作用，但是这个被动围压的大小在冲击过程中是变化的，更好地研究围压对其产生影响的方法是施加主动围压，即围压值在试验过程中保持不变，但由于试验装置的限制，很难完成冻土在主动围压冲击加载条件下的试验，所以可以利用数值模拟的方法来模拟冻土在主动围压冲击加载条件下的试验。将钢制套筒去掉，在试样的径向加上围压值，示意如图 10.19 所示。

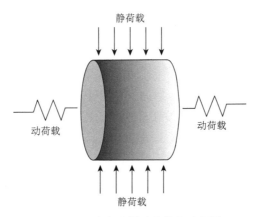

图 10.19　冻土试样受力状态示意图

图 10.19 中，静荷载为设置的主动围压，在数值模拟中，围压取值范围设定在 1～6MPa，因为冻土抗压能力很弱，所以围压值设定的时间段为入射波刚刚传到冻土前端面的时刻到数值模拟结束。将冻土的温度设定为-28℃、应变率为 1300s^{-1}，若不施加围压，单轴冲击加载的情况下，最终应力-应变曲线的峰值应力为 28MPa，在冻土径向加入围压后，围压与增强系数 δ 的关系如图 10.20 所示。

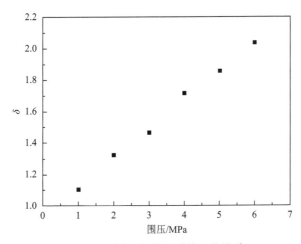

图 10.20　围压与增强系数 δ 的关系

由图 10.20 可知，增强系数随着围压的增大而增大，并且能够呈现比较好的线性关系。随着围压的增加，试样的抗压强度也相应增大。能够影响冻土抗压强度的因素有很多，如冻土的温度、应变率、含水率等，通过对比发现，围压也能提高冻土的抗压强度，冻土表现出了显著的围压效应。

为了探究围压与试样能量耗散之间的关系，对试样在整个冲击过程中的能量进行分析，试样吸收的能量定义如下：

$$W_L = W_I - (W_R + W_T) = (A_0 C_0 / E_0) \int (\sigma_I^2 - \sigma_R^2 - \sigma_T^2) \mathrm{d}t \qquad (10.1)$$

式中，W_L 为试样吸收的能量；σ_I、σ_R 和 σ_T 分别是入射波应力、反射波应力和透射波应力；W_I、W_R 和 W_T 分别是入射波能量、反射波能量和透射波能量；A_0、C_0 和 E_0 分别为杆件的横截面面积、波在杆件中的传播速度和杆件的弹性模量，在本章的模拟中，$A_0 = 0.047728\text{m}^2$、$C_0 = 5100\text{m/s}$、$E_0 = 7 \times 10^{10} \text{Pa}$。

若试样与杆件截面处的能量损耗忽略不计，则试样比能量吸收值 SEA 为

$$\text{SEA} = W_L / V_s \qquad (10.2)$$

式中，V_s 为试样的体积，在本章的模拟中，$V_s = 8.6 \times 10^{-4} \text{m}^3$。

若以入射波总能量为变量，$W_I = (A_0 C_0 / E_0) \int \sigma_I^2 \mathrm{d}t$，则不同围压下冻土试样的比能量吸收值与入射波总能量的关系如图 10.21 所示（直线为拟合结果）。

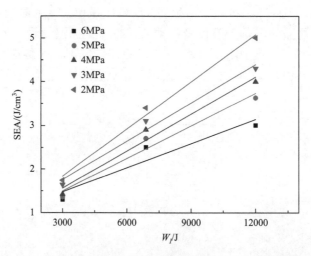

图 10.21　不同围压下冻土试样比能量吸收值与入射波总能量的关系

由图 10.21 可以看出，围压不变，比能量吸收值随着入射波能量的增大而增大，并且基本呈现线性关系。这是因为入射波能量越大，冻土试样的应变率相应地也就越大，则冻土试样会产生更大、更多的裂纹，而裂纹损伤耗散的能量也就越大，所以表现出冻土的吸收能量越大。同样的入射能量状态下，围压越大，则比能量吸收值越小。这是因为，在同样的冲击波压缩下，围压越大，冻土在冲击加载试验过程中受到的侧向约束越大，裂纹的开展会越困难，耗散的能量就越

小，所以表现出冻土的吸收能量就越小。这也解释了相同的围压下，若使冻土达到相同的破坏程度，则需要更大的冲击波作用的现象。另外，围压越大，在冲击波压缩的状态下，作为一种多孔材料，冻土会变得愈加密实，多孔材料吸收冲击波的能力比密实度高的材料更大[91]，所以围压越大，冻土的比能量吸收值越小。

10.4 本 章 小 结

本章利用直径为 30mm 的 SHPB 试验装置，对冻土进行了不同工况下的被动围压冲击加载试验，利用 LS-DYNA 软件程序，对此试验过程进行了数值模拟，并对冻土在不同工况下的套筒被动围压试验进行了数值模拟，研究了套筒对试样的影响，并模拟了冻土在主动围压冲击加载下的试验。

（1）试验研究了冻土在被动围压冲击动态加载下的应变率效应、温度效应和围压效应。冻土应力-应变曲线的峰值应力和最终应变在冻土温度相同的情况下，随着应变率的增大而增大；加载应变率一定时，峰值应力随着冻土试验温度的降低而增大，而且最终应变发生汇聚现象，冻土在被动围压加载条件下的应力-应变曲线的峰值应力明显大于单轴加载条件下的峰值应力。

（2）借助 HJC 模型，对冻土在被动围压冲击加载条件下的试验进行了数值模拟，验证了冻土在动态加载条件下表现的应变率效应、温度效应和围压效应；此外，探究了 HJC 模型中敏感参数的变化对计算结果产生的影响，有利于更合理地确定模型的参数。

（3）试验对被动围压装置套筒进行了分析，分析表明，冻土增强系数随着套筒弹性模量的增大而迅速增大，随后上升速度变慢最后达到稳定值。冻土增强系数随着 α/r 的增大而明显增大，当大于 0.6 时，增强系数基本不变。

（4）利用 LS-DYNA 软件程序对冻土的主动围压冲击加载试验进行了数值模拟，结果表明，冻土增强系数随着围压值的增大而增大，并且能够呈现比较好的线性关系。比能量吸收值随着入射波的增大而增大，同样的入射能量状态下，围压越大，比能量吸收值越小。

参 考 文 献

[1] 霍托维奇，张长庆. 冻土力学[M]. 张长庆，朱元林，译. 北京：科学出版社，1985.

[2] 李娜，贾筱景，毛文梁，等. 2012—2016 年基于文献计量的全球冻土研究发展态势分析[J]. 冰川冻土，2019，41（3）：740-748.

[3] Lackner R，Pichler C，Kloiber A. Artificial ground freezing of fully saturated soil：Viscoelastic behavior[J]. Journal of Engineering Mechanics，2008，134（1）：1-11.

[4] Campbell S，Affleck R T，Sinclair S. Ground-penetrating radar studies of permafrost，periglacial，and near-surface geology at McMurdo Station，Antarctica[J]. Cold Regions Science and Technology，2018，148：38-49.

[5] 周幼吾，郭东信. 我国多年冻土的主要特征[J]. 冰川冻土，1982，（1）：1-19，95-96.

[6] 蒲毅彬. CT 用于冻土试验研究中的使用方法介绍[J]. 冰川冻土，1993，（1）：196-198.

[7] 马巍，吴紫汪，盛煜. 围压对冻土强度特性的影响[J]. 岩土工程学报，1995，（5）：7-11.

[8] Wang D Y，Ma W，Chang X X. Analyses of behavior of stress-strain of frozen Lanzhou loess subjected to K_0 consolidation[J]. Cold Regions Science and Technology，2004，40（1）：19-29.

[9] Wang D Y，Ma W，Wen Z，et al. Study on strength of artificially frozen soils in deep alluvium[J]. Tunnelling and Underground Space Technology，2008，23（4）：381-388.

[10] Yang Y，Lai Y，Chang X. Laboratory and theoretical investigations on the deformation and strength behaviors of artificial frozen soil[J]. Cold Regions Science and Technology，2010，64（1）：39-45.

[11] Qi Y，Zhang J，Yang H，et al. Application of artificial ground freezing technology in modern urban underground engineering[J]. Advances in Materials Science and Engineering，2020（4）：1-12.

[12] Shen Y J，Wang Y Z，Zhao X D，et al. The influence of temperature and moisture content on sandstone thermal conductivity from a case using the artificial ground freezing(AGF) method[J]. Cold Regions Science and Technology，2018，155：149-160.

[13] 康世昌，郭万钦，吴通华，等. "一带一路"区域冰冻圈变化及其对水资源的影响[J]. 地球科学进展，2020，35（1）：1-17.

[14] 吴超，张淑娟，周志伟，等. 围压路径对冻结粉质砂土变形行为及强度的影响研究[J]. 冰川冻土，2016，38（6）：1575-1582.

[15] 马芹永，张经双，陈文峰，等. 人工冻土围压 SHPB 试验与冲击压缩特性分析[J]. 岩土力

学，2014，35（3）：637-640.

[16] 孙朝翔. 宽泛应变率和温度下改性双基推进剂本构模型及应用研究[D]. 南京：南京理工大学，2017.

[17] Zhu Z，Liu Z，Xie Q，et al. Dynamic mechanical experiments and microstructure constitutive model of frozen soil with different particle sizes[J]. International Journal of Damage Mechanics，2018，27（5）：686-706.

[18] 雷乐乐，谢艳丽，王大雁，等. 冻土静力学室内试验研究进展[J]. 冰川冻土，2018，40（4）：802-811.

[19] 赵晓东，周国庆，商翔宇，等. 温度梯度冻土压缩变形破坏特征及能量规律[J]. 岩土工程学报，2012，34（12）：2350-2354.

[20] 肖海斌. 人工冻土单轴抗压强度与温度和含水率的关系[J]. 岩土工程界，2008，（4）：62-63，76.

[21] Arenson L U，Johansen M M，Springman S M. Effects of volumetric ice content and strain rate on shear strength under triaxial conditions for frozen soil samples[J]. Permafrost and Periglacial Processes，2004，15（3）：261-271.

[22] 杜海民，马巍，张淑娟，等. 应变率与含水率对冻土单轴压缩特性影响研究[J]. 岩土力学，2016，37（5）：1373-1379.

[23] 杜海民，马巍，张淑娟，等. 三轴循环加卸载条件下高含冰冻结砂土变形特性试验研究[J]. 岩土力学，2017，38（6）：1675-1681.

[24] Chamberlain E，Groves C，Perham R. The mechanical behaviour of frozen earth materials under high pressure triaxial test conditions[J]. Géotechnique，1972，22（3）：469-483.

[25] 徐湘田，赖远明，周志伟，等. 循环与单调加载作用下冻结黄土的变形与损伤特性[J]. 冰川冻土，2014，36（5）：1184-1191.

[26] Bray M T. The influence of cryostructure on the creep behavior of ice-rich permafrost[J]. Cold Regions Science and Technology，2012，79-80：43-52.

[27] Zhou Z W，Ma W，Zhang S J，et al. Multiaxial creep of frozen loess[J]. Mechanics of Materials，2016，95：172-191.

[28] 李海鹏，林传年，张俊兵，等. 饱和冻结黏土在常应变率下的单轴抗压强度[J]. 岩土工程学报，2004，（1）：105-109.

[29] 蔡聪，马巍，赵淑萍，等. 冻结黄土的单轴试验及其本构模型研究[J]. 岩土工程学报，2017，39（5）：879-887.

[30] 马巍，吴紫汪，盛煜. 冻土的蠕变及蠕变强度[J]. 冰川冻土，1994，（2）：113-118.

[31] 朱志武，宁建国. 冻土的屈服面及其破坏准则[C]. 第十二届现代数学和力学会议，贵阳，2010：141-147.

[32] Lemaitre J，Chaboche J L. Mechanics of Solid Materials[M]. Cambridge：Cambridge University

Press，1994.

[33] 朱志武，宁建国，马巍. 基于损伤的冻土本构模型及水、热、力三场耦合数值模拟研究[J]. 中国科学：物理学 力学 天文学，2010，40（6）：758-772.

[34] Xu G F，Wu W，Qi J L. Modeling the viscous behavior of frozen soil with hypoplasticity[J]. International Journal for Numerical and Analytical Methods in Geomechanics，2016，40（15）：2061-2075.

[35] 朱元林，张家懿，彭万巍，等. 冻土的单轴压缩本构关系[J]. 冰川冻土，1992，（3）：210-217.

[36] Ghoreishian Amiri S A，Grimstad G，Kadivar M，et al. Constitutive model for rate-independent behavior of saturated frozen soils[J]. Canadian Geotechnical Journal，2016，53（10）：1646-1657.

[37] Vialov S，Gmoshinskii V，Gorodetskii S，et al. The Strength and Creep of Frozen Soils and Calculations for Ice-Soil Retaining Structures[R]. Hanover：Regions Research and Engineering Laboratory，1969.

[38] Liu E，Lai Y，Wong H，et al. An elastoplastic model for saturated freezing soils based on thermo-poromechanics[J]. International Journal of Plasticity，2018，107：246-285.

[39] Lai Y M，Yang Y G，Chang X X，et al. Strength criterion and elastoplastic constitutive model of frozen silt in generalized plastic mechanics[J]. International Journal of Plasticity，2010，26（10）：1461-1484.

[40] Lai Y，Jin L，Chang X. Yield criterion and elasto-plastic damage constitutive model for frozen sandy soil[J]. International Journal of Plasticity，2009，25（6）：1177-1205.

[41] 朱志武，宁建国，马巍. 冻土屈服面与屈服准则的研究[J]. 固体力学学报，2006，（3）：307-310.

[42] Chang D，Lai Y，Zhang M. A meso-macroscopic constitutive model of frozen saline sandy soil based on homogenization theory[J]. International Journal of Mechanical Sciences，2019，159：246-259.

[43] Lai Y，Liao M，Hu K. A constitutive model of frozen saline sandy soil based on energy dissipation theory[J]. International Journal of Plasticity，2016，78：84-113.

[44] 王正中，袁驷，陈涛. 冻土横观各向同性非线性本构模型的试验研究[J]. 岩土工程学报，2007，（8）：1215-1218.

[45] Sun K，Tang L，Zhou A，et al. An elastoplastic damage constitutive model for frozen soil based on the super/subloading yield surfaces[J]. Computers and Geotechnics，2020，128：103842.

[46] Lange M A，Ahrens T J. The dynamic tensile strength of ice and ice-silicate mixtures[J]. Journal of Geophysical Research：Solid Earth，1983，88（B2）：1197-1208.

[47] Lee M Y，Fossum A F，Costin L S，et al. Frozen Soil Material Testing and Constitutive Modeling[R]. Albuquerque：Sandia National Laboratories，2002.

[48] Furnish M D. Measuring Static and Dynamic Properties of Frozen Silty Soils[R]. Albuquerque：

Sandia National Laboratories，1998.

[49] 陈柏生，胡时胜，马芹永，等. 冻土动态力学性能的试验研究[J]. 力学学报，2005，（6）：54-58.

[50] Ma D D，Ma Q Y，Yao Z M，et al. Dynamic mechanical properties and Failure mode of artificial frozen silty clay subject to one-dimensional coupled static and dynamic loads[J]. Advance in Civil Engineering，2019，2019：4160804.

[51] Zhang H D，Zhu Z W，Song S C，et al. Dynamic behavior of frozen soil under uniaxial strain and stress conditions[J]. Applied Mathematics and Mechanics，2013，34（2）：229-238.

[52] Ma D D，Ma Q Y，Pu Y. SHPB tests and dynamic constitutive model of artificial frozen sandy clay under confining pressure and temperature state[J]. Cold Regions Science and Technology，2017，136：37-43.

[53] Ma Q Y，Ma D D，Yao Z M. Influence of freeze-thaw cycles on dynamic compressive strength and energy distribution of soft rock specimen[J]. Cold Regions Science and Technology，2018，153：10-17.

[54] Ma Q Y，Ma D D，Yuan P，et al. Energy absorption characteristics of frozen soil based on SHPB test[J]. Advances in Materials Science and Engineering，2018，（1）：1-9.

[55] Cai C，Wei M，Zhao S，et al. Experimental analysis and discussion on the damage variable of frozen loess[J]. Advances in Materials Science and Engineering，2017，2017：1689251.

[56] Jia J，Tang H，Chen H. Dynamic mechanical properties and energy dissipation characteristics of frozen soil under passive confined pressure[J]. Acta Mechanica Solida Sinica，2021，34（2）：184-203.

[57] Fu T，Zhu Z，Cao C. Simulating the dynamic behavior and energy consumption characteristics of frozen sandy soil under impact loading[J]. Cold Regions Science and Technology，2019，166：102821.

[58] Xie Q，Zhu Z，Kang G. A dynamic micromechanical constitutive model for frozen soil under impact loading[J]. Acta Mechanica Solida Sinica，2016，29（1）：13-21.

[59] Cao C，Zhu Z，Fu T，et al. A constitutive model for frozen soil based on rate-dependent damage evolution[J]. International Journal of Damage Mechanics，2018，27（10）：1589-1600.

[60] 贾瑾宣，朱志武，张福来. 单轴冲击荷载下基于塑性细观力学的冻土本构模型研究[J]. 四川轻化工大学学报（自然科学版），2020，33（2）：80-87.

[61] Zhu Z，Cao C，Fu T. SHPB test analysis and a constitutive model for frozen soil under multiaxial loading[J]. International Journal of Damage Mechanics，2020，29（4）：626-645.

[62] Glazova E G，Kochetkov A V，Krylov S V. Numerical simulation of explosion processes in fronzen soil[J]. Mechanics of Solids，2007，42（6）：947-955.

[63] 张丹. 冻土冲击动态试验与数值模拟研究[D]. 成都：西南交通大学，2016.

[64] 李蒙蒙. 冲击式冻土开挖机械斗齿结构优化研究[D]. 兰州：兰州大学，2015.

[65] Shangguan Z，Zhu Z，Tang W. Dynamic impact experiment and numerical simulation of frozen soil with prefabricated holes[J]. Journal of Engineering Mechanics，2020，146（8）：04020085.

[66] Kim D J，Sirijaroonchai K，El-Tawil S，et al. Numerical simulation of the split Hopkinson pressure bar test technique for concrete under compression[J]. International Journal of Impact Engineering，2010，37（2）：141-149.

[67] Liu Z，Yu Y，Yang Z，et al. Dynamic experimental studies of A6N01S-T5 aluminum alloy material and structure for high-speed trains[J]. Acta Mechanica Sinica，2019，35（4）：763-772.

[68] Bailly P，Delvare F，Vial J，et al. Dynamic behavior of an aggregate material at simultaneous high pressure and strain rate：SHPB triaxial tests[J]. International Journal of Impact Engineering，2011，38（2-3）：73-84.

[69] Forquin P，Gary G，Gatuingt F. A testing technique for concrete under confinement at high rates of strain[J]. International Journal of Impact Engineering，2008，35（6）：425-446.

[70] Du H B，Dai F，Xu Y，et al. Numerical investigation on the dynamic strength and failure behavior of rocks under hydrostatic confinement in SHPB testing[J]. International Journal of Rock Mechanics and Mining Sciences，2018，108：43-57.

[71] Liu Z，Yang Z，Chen Y，et al. Dynamic tensile and failure behavior of bi-directional reinforced GFRP materials[J]. Acta Mechanica Sinica，2020，36（2）：460-471.

[72] Tang W R，Zhu Z W，Fu T T，et al. Dynamic experiment and numerical simulation of frozen soil under confining pressure[J]. Acta Mechanica Sinica，2020，36（6）：1302-1318.

[73] Kolsky H. An investigation of the mechanical properties of materials at very high rates of loading[J]. Proceedings of the Physical Society. Section B，1949，62（11）：676-700.

[74] Chen Z，Yang Y，Yao Y. Quasi-static and dynamic compressive mechanical properties of engineered cementitious composite incorporating ground granulated blast furnace slag[J]. Materials & Design，2013，44：500-508.

[75] Song B，Chen W，Ge Y，et al. Dynamic and quasi-static compressive response of porcine muscle[J]. Journal of Biomechanics，2007，40（13）：2999-3005.

[76] 王礼立. 冲击动力学进展[M]. 合肥：中国科学技术大学出版社，1992.

[77] 宁建国，朱志武. 含损伤的冻土本构模型及耦合问题数值分析[J]. 力学学报，2007，（1）：70-76.

[78] Johnson G R. A constitutive model and data for materials subjected to large strains，high strain rates，and high temperatures[C]. Proceedings of the 7th International Symposium on Ballistics，Hague，1983：541-547.

[79] 马悦. 冻土冲击动态力学性能及其破坏机理研究[D]. 成都：西南交通大学，2014.

[80] 马芹永. 人工冻土动态力学特性研究现状及意义[J]. 岩土力学，2009，30（S1）：10-14.

[81] Zhu R T，Zhang X X，Li Y F，et al. Impact behavior and constitutive model of nanocrystalline Ni under high strain rate loading[J]. Materials & Design，2013，49：426-432.

[82] Arenson L U，Springman S M，Sego D C. The rheology of frozen soils[J]. Applied Rheology，2007，17（1）：12147-1.

[83] Wen Z，Ma W，Feng W J，et al. Experimental study on unfrozen water content and soil matric potential of Qinghai-Tibetan silty clay[J]. Environmental Earth Sciences，2012，66（5）：1467-1476.

[84] 宁建国，王慧，朱志武，等. 基于细观力学方法的冻土本构模型研究[J]. 北京理工大学学报，2005，（10）：4-8.

[85] 冷毅飞，张喜发，杨凤学，等. 冻土未冻水含量的量热法试验研究[J]. 岩土力学，2010，31（12）：3758-3764.

[86] 刘海峰，宁建国. 冲击荷载作用下混凝土动态本构模型的研究[J]. 工程力学，2008，25（12）：135-140.

[87] 张鲁渝，刘东升，时卫民. 扩展广义 Drucker-Prager 屈服准则在边坡稳定分析中的应用[J]. 岩土工程学报，2003，（2）：216-219.

[88] 刘红军，程显春，马介峰. 多年冻土的力学性质[J]. 东北林业大学学报，2005，（2）：102-103.

[89] Colantonio L，Stainier L. Numerical integration of viscoplastic constitutive equations for porous materials[C]. Numerical Methods in Engineering，Paris，1996：28-34.

[90] Lemaitre J，Plumtree A. Application of damage concepts to predict creep-fatigue failures[J]. Journal of Engineering Materials and Technology，1979，101（3）：284-292.

[91] 刘海峰，宁建国. 强冲击荷载作用下混凝土材料动态本构模型[J]. 固体力学学报，2008，（3）：231-238.

[92] 吴斌. 冲击荷载下材料的损伤与破坏[J]. 湖北航天科技，1995，（4）：14-17.

[93] Ortiz M，Popov E P. A physical model for the inelasticity of concrete[J]. Proceedings of the Royal Society of London. A. Mathematical and Physical Sciences，1982，383（1784）：101-125.

[94] Ortiz M，Popov E P. Plain concrete as a composite material[J]. Mechanics of Materials，1982，1（2）：139-150.

[95] 杨卫. 宏微观断裂力学[M]. 北京：国防工业出版社，1995.

[96] 刘增利. 冻土断裂与损伤行为研究[D]. 大连：大连理工大学，2003.

[97] Mura T，Barnett D M. Micromechanics of Defects in Solids[M]. The Hague：Martinus Nijhoff Publisher，1983.

[98] Curran D R，Seaman L，Shockey D A. Dynamic failure of solids[J]. Physics Reports，1987，147（5）：253-388.

[99] Gărăjeu M，Michel J C，Suquet P. A micromechanical approach of damage in viscoplastic materials by evolution in size，shape and distribution of voids[J]. Computer Methods in Applied

Mechanics and Engineering，2000，183（3）：223-246.

[100] Ma Q Y. Experimental analysis of dynamic mechanical properties for artificially frozen clay by the split Hopkinson pressure bar[J]. Journal of Applied Mechanics and Technical Physics，2010，51（3）：448-452.

[101] 刘志强，柳家凯，王博，等. 冻结黏土动态力学特性的 SHPB 试验研究[J]. 岩土工程学报，2014，36（3）：409-416.

[102] 沈忠言，彭万巍，刘永智. 径压法冻土抗拉强度测定中试样长度的影响[J]. 冰川冻土，1994，16（4）：327-332.

[103] 宁建国. 爆炸与冲击动力学[M]. 北京：国防工业出版社，2010.

[104] 刘锡礼，王秉权同. 复合材料力学基础[M]. 北京：中国建筑工业出版社，1984.

[105] 余群，张招祥，沈震亚，等. 冻土的瞬态变形和强度特性[J]. 冰川冻土，1993，（2）：258-265.

[106] 沈观林. 复合材料力学[M]. 北京：清华大学出版社，1996.

[107] Watanabe K，Wake T. Measurement of unfrozen water content and relative permittivity of frozen unsaturated soil using NMR and TDR[J]. Cold Regions Science and Technology，2009，59（1）：34-41.

[108] Kleinberg R L，Griffin D D. NMR measurements of permafrost：Unfrozen water assay，pore-scale distribution of ice，and hydraulic permeability of sediments[J]. Cold Regions Science and Technology，2005，42（1）：63-77.

[109] Zhou J Z，Wei C F，Lai Y M，et al. Application of the generalized clapeyron equation to freezing point depression and unfrozen water content[J]. Water Resources Research，2018，54：9412-9431.

[110] 马巍. 围压作用下冻土的强度与变形分析[D]. 北京：北京理工大学，2000.

[111] 王礼立. 应力波基础[M]. 北京：国防工业出版社，2005.

[112] 汤文辉，张若棋，胡金彪，等. 冲击温度的近似计算方法[J]. 力学进展，1998，（4）：479-487.

[113] Gurtin M E，Fried E，Anand L. The Mechanics and Thermodynamics of Continua[M]. Cambridge：Cambridge University Press，2010.

[114] 徐敩祖，奥利奋特 J L，泰斯 A R. 土水势、未冻水含量和温度[J]. 冰川冻土，1985，（1）：1-14.

[115] 曲广周，张建明，郑波，等. 仅热交换条件下冻土未冻水含量的热力学理论[J]. 科学技术与工程，2008，（6）：1488-1491.

[116] 戚承志，王明洋，钱七虎. 弹粘塑性孔隙介质在冲击荷载作用下的一种本构关系——第一部分：状态方程[J]. 岩石力学与工程学报，2003，（9）：1405-1410.

[117] 朱志武，宁建国，刘煦. 冲击荷载下土的动态力学性能研究[J]. 高压物理学报，2011，25（5）：444-450.

[118] 汪洋，李玉龙，刘传雄. 利用 SHPB 测定高应变率下冰的动态力学行为[J]. 爆炸与冲击，

2011，31（2）：215-219.

[119] Holqmuist T，Johnson G，Cook W. A computational constitutive model for concrete subjected to large strains，high strain rate，and high pressures[C]. The 14th International Symposium on Ballistics，Quebec，1993：591-600.

[120] Zhao J. An experimental study on the relationship between tensile strength and temperature and water ratio of frozen soil[J]. Geology and Prospecting，2011，47（6）：1158-1161.

[121] Feng P，Zhang Q，Chen L，et al. Influence of incident pulse of slope on stress uniformity and constant strain rate in SHPB test[J]. Transactions of Beijing Institute of Technology，2010，30（5）：513-516.

[122] Song L，Hu S. Stress uniformity and constant strain rate in SHPB test[J]. Explosion and Shock Waves，2005，25（3）：207-216.